U0017772

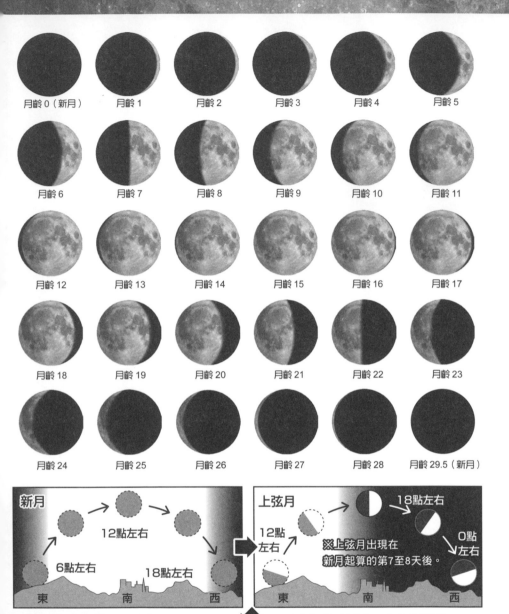

月齡 0（新月）　月齡 1　月齡 2　月齡 3　月齡 4　月齡 5
月齡 6　月齡 7　月齡 8　月齡 9　月齡 10　月齡 11
月齡 12　月齡 13　月齡 14　月齡 15　月齡 16　月齡 17
月齡 18　月齡 19　月齡 20　月齡 21　月齡 22　月齡 23
月齡 24　月齡 25　月齡 26　月齡 27　月齡 28　月齡 29.5（新月）

月出的時間，每天都比前一天晚約 48 分鐘

月球繞行地球一周大約要花27.3天，因此每天在同一時間看到的月亮，位置都會比前一天更偏東方一些。如圖，從新月起的月出、月沒時間會越來越晚，每天大概都會比前一天晚約48分鐘。

一起觀察月亮！

月亮每天的月相都在改變，從東方升起，西方落下。只要是晴天，即使沒有望遠鏡等工具，在任何地方都能夠看到月亮。

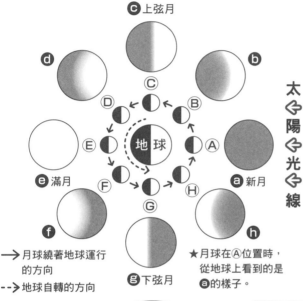

© 上弦月

d

© B

地球 A

E

e 滿月 F

f

G

g 下弦月

b

太 ⇦ 陽 ⇦ 光 ⇦ 線

a 新月

h

→ 月球繞著地球運行的方向
--> 地球自轉的方向

★月球在Ⓐ位置時，從地球上看到的是ⓐ的樣子。

月相的盈虧變化

如右圖所示，月亮從新月到滿月又到新月大約費時29.5天的時間。「月齡」是指從新月起算的天數。滿月的月齡大約是13.9～15.6天。

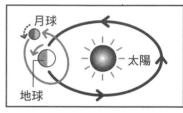

月球

太陽

地球

←↑月球繞著地球轉的同時，也跟著地球一起繞著太陽轉。從地球上看過去，月球反射太陽光的部分每天都在改變，因此會有月圓月缺。

由東往西移動

地球由西向東自轉，因此月亮看來是由東往西移動（下圖）。月亮如果在上弦月Ⓒ的位置，白天在東邊、傍晚在南邊、半夜在西邊天空可看到。

月球的動向與月相變化都按照固定週期循環。

➡圖上的地球和月球都是從上方（北極方向）看過去畫出來的。人都在地球上同一個地點，沒有移動。

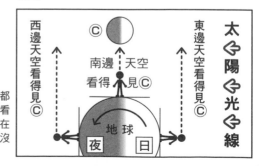

西邊天空看得見Ⓒ

© 南邊天空看見Ⓒ

東邊天空看得見Ⓒ

太 ⇦ 陽 ⇦ 光 ⇦ 線

地球

夜　日

5

科學大冒險
前進**月球**勘查號

角色原作／**藤子・F・不二雄**

漫畫／**肘岡誠**　日文版審訂／渡部潤一（日本國立天文台副台長）

譯者／黃薇嬪　台灣版審訂／李昫岱

Hotel L

哆啦A夢 科學大冒險

前進月球勘查號

目錄

哇！

※書名頁背景圖：在月球表面進行科學、觀光等多樣活動（示意圖，JAXA提供）。

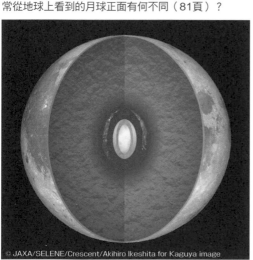

© NASA/NOAA

↑美國探測衛星以地球為背景拍攝的月球背面。與平常從地球上看到的月球正面有何不同（81頁）？

© JAXA/SELENE/Crescent/Akihiro Ikeshita for Kaguya image

↑月球內部。與地球內部最大的不同是什麼呢（46頁）？

第3章 前往月球背面未知的世界！

●角色原作／
藤子・F・不二雄

●漫畫／肱岡誠

●審訂／渡部潤一
（日本國立天文台副台長）

●編輯協力／山田伏木

●封面、內文設計／
堀中亞理、高橋明優、前田麻依
＋Bay Bridge Studio

●插畫／阿部義記、杉山真理

●編輯／藤田健一

月球是什麼樣的天體？

月球是距離地球最近的天體，讓我們來深入了解一下它比地球大或小。

與地球同樣是球形的天體

直徑※約3471公里

大約是地球的四分之一。

※ 這是從兩極測量的直徑。從赤道測量的直徑大約是3475公里。

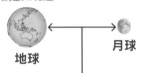

地球　　　　　　　月球

與地球的距離大約38萬4千公里

大約是地球直徑的30倍。

© NAOJ

重量※大約是地球的八十一分之一

※ 正確來說是「質量」不是「重量」，不過本書為了方便稱為「重量」。

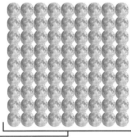

© NASA

↑1969年裝載阿波羅十一號（參121頁）升空的農神五號火箭，大約三天後抵達月球※。

※ 這裡將進入繞行月球的軌道稱為「抵達月球」。

月球是繞著地球轉的衛星

地球

公轉　　自轉

月球

無論自轉或公轉，從北極方向看下去都是逆時針旋轉。

公轉週期與自轉週期大約是27天又8小時

「公轉」是指月球繞著地球轉。「自轉」是指月球以自轉軸為中心旋轉。「週期」是指公轉、自轉一圈花費的時間。

發光是因為 太陽光照射

滿月的亮度大約是 一等星的30萬倍

月亮看起來明亮不是因為自己會發光，而是因為反射太陽光。特別是在滿月的時候，亮度可以遠比夜空中最亮的一等星還要明亮。

月球

月球與地球一樣，總是一半明亮。

太陽光

地球

© NASA/JPL

←月球沒有大氣層，而且溫度變化劇烈，人類沒有穿太空衣無法存活。

© NASA　※正確來說，月球有非常稀薄的大氣層，但是因為太過稀薄，這裡就當作沒有。

月球表面溫度大約是 -180℃～120℃

在太陽照不到的那一面，溫度可下降至-180℃。照到陽光的那一面大約可上升至120℃。

沒有大氣層※也沒有水

大氣層是覆蓋天體外部的一層氣體。月球上甚至沒有水，所以環境與地球大不相同。

月球與地球一樣，主要成分是岩石

月球表面覆蓋著沙子和岩石，岩石與地球上的十分類似（參考108頁）。

月球與地球的不同，也可以參考32～35頁的說明！

© NASA

你在明天之前去給我找到能夠練習的地方！

怎麼可能找得到啊～

第①章 大雄，前進月球！

※鏘！

都怪大雄，球速太慢，才會讓胖虎打出又低又快的球。

結果打破神成先生家的玻璃，害我們明天不能在空地打棒球了！

聽好了，大雄，你如果找不到場地的話——

這是我們球隊的問題。

你的要求太過分了！

我就把你一棒打上月球！

哆啦A夢～

※揮棒

對，應該會很有趣。

月球聽起來挺不錯的呀！

?

你幫幫我嘛～

嗯……

※噹！

「適應燈」。

可是那是外太空，不要緊嗎？

啊，月球那麼大，我們就可以自在練習了。

我先

下一個輪到我。

用這個光線照一下，我們就可以在任何天體上生活二十四小時。

※啪咻

8

※咻！

喂，你們等一下！

※喀嚓

是我！第一個進去的應該是大爺我吧！

※咻轟嗡嗡

大家都沒事吧？

※關上

我們也過去！

※咻

※靜悄悄

可是月球是真空環境，沒有空氣傳遞聲音，所以我們聽不見聲音。

※咻！

剛才「任意門」一打開，大家立刻被吸進來，也是因為月球是真空的環境。

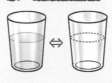

沒錯。月球和地球的最大不同點，沒有空氣就是其中之一。

接下來我們將暫時待在月球上，我想還會遇到很多因為真空造成的狀況。

水一眨眼就蒸發

←如果將裝了水的杯子放在白天的月球表面，水很快就會擴散到宇宙裡。

零食包裝膨脹！

→一來到月球表面，包裝袋裡的空氣瞬間就會膨脹爆開。

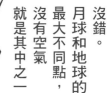

※嗚嗚啊啊

已經聽到聲音了，你是要裝到什麼時候？

你們看那個！

不不不、不是！

真漂亮……

好大好藍啊……

絕佳美景！

當然。

那個是地球嗎？

有那麼亮？

對，因為也是滿月的幾十倍。

而且它好明亮。

從月球看到的地球大小，是從地球看到的月球大小的四倍。

在地球上以肉眼看月亮，能夠看到近似兔子形狀的黑影。

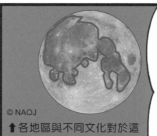

© NAOJ

⬆各地區與不同文化對於這個黑影「看起來像什麼」，都有不同的解讀。南歐認為它看起來像螃蟹。

從月球表面拿雙筒望遠鏡看地球的話，還能夠看見像尼羅河這麼大的河川。

真的耶！

我想看看其他地方。

好。

※喀嚓

把時間調快一點，按下開始。

「時間停止器」。

我們就用能夠改變時間前進方式的，

※咻～

啊，你們看，那邊是日本吧？

真的耶。我看到歐洲、非洲，接著是南北美洲大陸……

※咻～

地球會自轉，原本就在旋轉，我只是把速度調快六十倍。

※咻～

地球開始旋轉了。

因為即使加快時間，地球始終都在同一個位置自轉，沒有移動。

這麼說來……

從月球看到的地球與從地球看到的月球不一樣呢？

轉一轉按鈕就會恢復正常速度。

※撥撥

※喀嚓

讓我試試看。

我們把時間調得更快一點看看。

這個問題問得好。

地球不會像月球一樣東升西沉嗎？

喔，地球的右側有一點虧缺了。

變成半月……不是，變成半地球了。

好，時間停止。

到這裡，地球就恢復成一開始看到的「滿地球」了。

※喀嚓

太陽出來變成白天，地球因為太陽的緣故看不見了。

太陽升到更高的位置，地球變成眉月型與太陽並排。

也就是說，從月球上看到的地球雖然不會東升西沉，但也是有盈虧。

沒錯。

太陽遠離，地球回到「半地球」的形狀了。

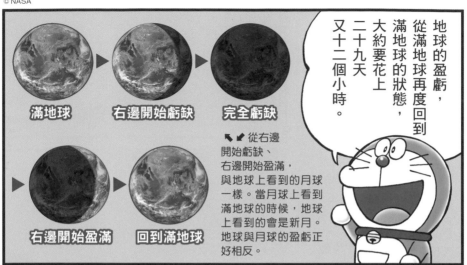

滿地球　　右邊開始虧缺　　完全虧缺

右邊開始盈滿　　回到滿地球

↖ ↙ 從右邊開始虧缺、右邊開始盈滿，與地球上看到的月球一樣。當月球上看到滿地球的時候，地球上看到的會是新月。地球與月球的盈虧正好相反。

地球的盈虧，從滿地球的狀態，再度回到滿地球的狀態，大約要花上二十九天又十二個小時。

那麼，大雄剛才前進了大約一個月的時間吧？

沒錯。

只是我好像忘記了什麼……

地球上的野比家

差不多該準備午餐了……

咦？好像才吃了早餐？

的確耶，感覺今天時間過得特別快。

16

地球和太陽在月球上看起來是什麼樣子？

月亮和太陽都是由東往西移動。月亮有陰晴圓缺，不過在月球上看到的地球和太陽竟是……下一頁可以體驗實際情況！

在地球上看到的月球和太陽

在知道地球和太陽從月球上看起來是什麼樣子之前，我們先複習一下月球和太陽在地球上的動態。

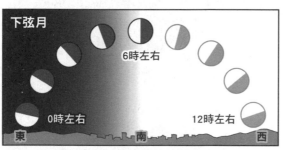

下弦月

6時左右

0時左右

12時左右

東　　南　　西

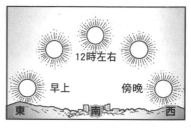

12時左右

早上　　傍晚

東　　南　　西

←下弦月的動態。比較新月、上弦月、滿月就會發現看到月亮的時間皆不同（可參考扉頁）。↑太陽東升西沉的方位會因為季節而偏北或偏南。

❶月亮和太陽都是東升西沉

太陽在早上升起，傍晚下沉。相反的，月亮升起的時刻會一天比一天晚48分鐘，所以不一定是早上升起，傍晚下沉（可參考扉頁）。

❷月亮的圓缺週期大約是29.5天

太陽不會改變形狀，但月亮如上圖所示，會在一定的週期內反覆盈虧（可參考扉頁）。

每天都會重複這些動態。

月亮和太陽看起來都是由東往西移動，那是因為地球自轉的關係。

月亮的盈虧則是因為月球反射太陽光，同時還繞著地球公轉（可參考扉頁）。另外，地球繞著太陽公轉，也使得日出日落的時刻每天都不同。

從月球上看到的地球！

下圖是「輝夜姬號」月球探測器（參123頁）拍攝的地球照片。從月球表面同一個地點觀察的話，就會發現地球不會改變位置，一邊自轉，一邊像月亮一樣有著盈虧。另外，月球上有些地方能夠看到地球，有些地方則看不到。

從月球看到的地球，大小大約是從地球看到的月球大小的四倍。

月球沒有大氣層，看來就像懸浮在一片漆黑中（參32頁）。

能夠看見太陽、其他行星與恆星※。

© JAXA/NHK

❶不會移動位置，會自轉、盈虧

月球的自轉週期與公轉週期同樣是大約27.3天（參第4頁），因此永遠都是以同一面面對地球。地球也永遠在月球表面上同一地點自轉，大約是以29.5天的週期盈虧。

© JAXA/NHK

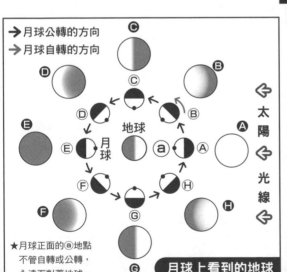

➜月球公轉的方向
➜月球自轉的方向

Ⓒ Ⓑ Ⓓ Ⓐ Ⓔ Ⓕ Ⓖ Ⓗ

太陽

光線

地球

月球

ⓐ

★月球正面的ⓐ地點不管自轉或公轉，永遠面對著地球。

月球上看到的地球

↑月球在Ⓐ～Ⓗ位置時，地球只能看到白色那一面。另外，月球、地球、太陽的位置如圖上這樣時，假如月球在Ⓓ位置，看到的地球就是Ⓓ的虧缺狀態。

❷只能看到月球的「正面」

永遠面向地球的那一面是正面，在地球上只會看到月球的這一面（下方照片）。

© NAOJ

※ 恆星是指會自主發光、不會移動位置的天體。太陽和北極星等都是。

從月球上看到的太陽！

如圖，太陽從升起到落下大約需要15天時間。沉落後會持續大約15天的黑夜。

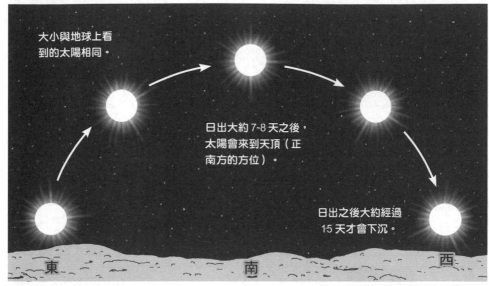

大小與地球上看到的太陽相同。

日出大約7-8天之後，太陽會來到天頂（正南方的方位）。

日出之後大約經過15天才會下沉。

東　南　西

※ 此圖為從月球的北半球看到的太陽示意圖。

❶從日出到日落大約15天

在地球上只能看到月球的正面，但在月球上任何地點看到的太陽，都是像這樣，由東往西移動。從日出到下次日出的週期大約是29.5天。

❷月球正面的白天能夠看到地球和太陽

月球上在太陽出來的期間，天空仍是一片漆黑。在月球正面的白天時間能夠同時看到太陽、地球和恆星。順便補充一點，地球看起來是太陽的四倍大。

交替迎接長夜和長晝！

月球上看到的地球與地球上看到的月球，會有如此大的不同，是因為地球自轉要花二十四小時；月球自轉大約要花二十七點三天，同時還要繞地球公轉。

另一方面，地球一邊繞著太陽公轉，自轉的週期就是一天的長度。

好，胖虎隊第一次在月球表面練習，開始嚕！

真是的……我想去月球探險。

沒關係啦！

※咻

就先從揮棒練習開始好了。

大雄，你從那邊投球過來。

咦？

動作快！

好啦、好啦！

※跌倒

※一揮

※大步跑來

※跌倒

※跌倒

大雄，你給我站住！

啊～

哇！

⋯⋯這兩個

你們到底在幹什麼？

哇！

哇啊！

※跌、跌

你跳一下試試。

跳？

總覺得腳步輕飄飄的，沒辦法好好走。

是我的錯覺嗎？身體好像比平常輕⋯⋯

我跳！

※蹦起

好⋯⋯

※用力

22

※輕飄飄

※咦!

※著地

那麼沒運動細胞的人!

這是大雄嗎?

每個人都能辦到,試試吧!

哇!

真的耶,好驚人!

※蹦起

只是輕輕跳起來，就能夠跳到一個人那麼高！

跳一次就能夠在空中停留三、四秒。

你們能夠跳這麼高，是因為月球的重力大約只有地球的六分之一。

120kg　地球上　　20kg　月球上

↑承受的重力只剩下六分之一，所以物體測量出的重量也變成六分之一。

原來月球和地球的不同，不只在於「沒有空氣」啊。

難道這與大雄他們剛剛跌倒也有關係？

※腳滑

① ② ③

沒錯。如圖所示，原因在於他們使用在地球上的方式走路。

↑在月球上走路會跌倒是因為：①踏出一步用後腳站穩時，身體因為重力小而有些飄浮。②與在地球上一樣用前腳著地的話，因為身體飄浮，腳的著地位置就會停在略高於地面（虛線處）的位置上。③也因為與地面還有一段距離，所以前腳踩空。

那麼在月球上要怎麼走路呢？

首先用後腳輕輕踩穩，前腳向前，像在跳躍般跨出一大步。

這樣？

※抬腳

※蹦起

著地後，這次前腳輕輕踩穩。

另一隻腳再度向前像跳躍般大大跨出一步，這樣就能夠順利前進了。

像這樣嗎？

※蹦起

※蹦起、蹦起

好，我也試試。

腳步不能動得太快。

學會不跌倒的訣竅了！

※蹦起

簡直就像是長了翅膀!

月球好好玩!

大家都走得很好。

呼,暖身運動結束了。

再次準備練習!集合!

真拿你們沒辦法。

我不是說了集合嗎?

我、我晚一點再⋯⋯

「助興樂團」。

反正都要打棒球，就開開心心打吧！

※咚咚鏘鏘

喔，是勇氣進行曲！

突然覺得有精神了。

對吧？

我要把球打向地球！

大雄，加油！

※咻

胖虎！

好，來吧！

嘿！

シュウゥゥ

你的球還是一樣慢到蒼蠅都能停在上面了。

※咚咚鏘鏘

咦？

怎麼會？

胖虎揮棒落空？

※接住　　　　　　　※揮空

ス　カ

！　　ハ°ス

這個只是普通的棒球。

喂！這顆球也是什麼祕密道具吧！

※接住　　　※揮空

又一次？

ス　カ

ハ°ス

※扔

嘿！

※心跳加速

好厲害。再一球就可以三振胖虎了

可惡，這一定是運氣好。

……

ドドドドキキキキ
ジャカ
ドドドドドド

※咚咚鏘鏘

28

※咻

※㘣㘣㘣㘣㘣

三振了！

※接住

※咚咚鏘鏘

一定是我來到月球後發揮出沉睡的才能了！

我居然被大雄三振……

這麼說來……

你沒發現大雄投出的球，有什麼奇怪的地方嗎？

他投的球還是跟平常一樣慢，卻在靠近我的時候突然微幅加速。

而且有點飄浮，所以我揮棒時機抓不到。

好，到這個位置應該可以打。

事實上會發生這情況，也是因為月球的重力比地球小。

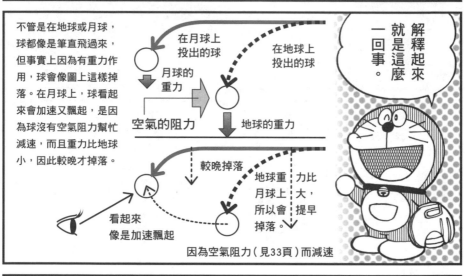

解釋起來就是這麼一回事。

不管是在地球或月球，球都像是筆直飛過來，但事實上因為有重力作用，球會像圖上這樣掉落。在月球上，球看起來像加速又飄起，是因為球沒有空氣阻力幫忙減速，而且重力比地球小，因此較晚才掉落。

在月球上投出的球

月球的重力

空氣的阻力

在地球上投出的球

地球的重力

較晚掉落

地球重力比月球上大，所以會提早掉落。

看起來像是加速飄起

因為空氣阻力（見33頁）而減速

原來球又是加速又是飄起，只是錯覺啊。

我就覺得奇怪，大雄的投球怎麼進步了。

順便補充一點，在月球上擊出的棒球，也會比在地球上飛得更遠更猛，不會掉落。

這樣好像不錯。

好，大雄。

接下來是守備練習。

咦？

你剛才說自己發揮出沉睡的才能，對吧？

啊，那個……

※意志渙散

※鏘鏘鏘

等一下，這個音樂是怎麼回事？

變成可怕的曲子了。

※意志渙散

※咚

既然這樣，我多打幾球好好教訓你！

救救我，哆啦A夢！

有熱情是不錯，不過你也太得意忘形了。

※意志渙散

※摧毀信念

揭開！月球上的七大不可思議

與地球環境不同的月球上，有許多在地球上難以想像的現象。
讓我們一起來看看為什麼會這樣！

© NASA

❶即使是白天，天空仍是一片漆黑

在月球上即使太陽出來，也沒有地球這樣的藍天，天空還是像夜晚一樣漆黑。這是為什麼？

⬇

因為月球沒有能夠使藍光散射的大氣層

如右上圖所示，太陽光裡所含的大量藍光會在大氣層裡散射，因此地球白天的天空看起來是藍色。但是月球沒有大氣層，所以不會出現藍天。

❷遠近的距離感不易掌握

究竟是「遠處的大型物品」還是「近處的小型物品」，難以區分。

⬇

因為少了大氣層，遠處的物品看起來也是一清二楚

如上圖，地球上因為有大氣層，所以遠處的東西看起來模糊，容易掌握遠近距離。但是月球上沒有大氣層，所以沒有遠近差異。

❸日夜溫差大

在月球上，照到陽光時，溫度會上升至約120℃；
照不到陽光時則會下降至-180℃。

欠缺能夠維持溫度恆定的
大氣層

如右圖所示，地球上白天升高的熱，會從地表跑進
大氣層，大氣層能夠防止熱在夜晚散失至太空。但
是月球沒有大氣層，因此不會發生恆溫現象。

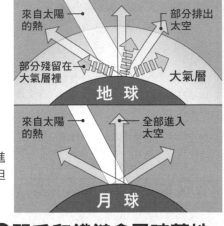

❹羽毛和鐵鎚會同時著地

不管物體原本有多重，都會以相同的速度掉
落。但是在地球上因為有空氣阻力，更容易
受風影響的羽毛和鐵鎚同時間掉落的話，鐵
鎚會先著地（左上圖）。

沒有大氣層阻擾物品掉落

月球表面上沒有大氣層，因此會像左下圖那
樣，鐵鎚與羽毛同時著地。

第一到第四的四個關於
月球的不可思議現象，全
部都與月球沒有大氣層有
關連。而這當中，最令人
頭痛的現象就是，日夜溫
差大。

這樣大的溫差變化別說
人類無法承受，就連機器
也容易因為極端的冷熱變
化而故障。這也是人類前
往月球發展時必須克服的
難題。

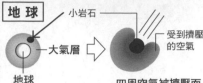

地球	
小岩石	受到擠壓的空氣
大氣層	
地球	

隕石進入地球的大氣層……

四周空氣被擠壓而產生高熱，變成流星燃燒殆盡。

●來自宇宙的物質墜落在地表或月表，就稱為「隕石」。來到地球的隕石大多像上圖那樣，在撞擊地面前就燒光了。

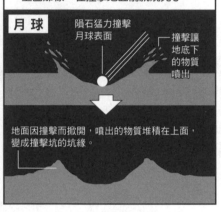

月球

隕石猛力撞擊月球表面

撞擊讓地底下的物質噴出

地面因撞擊而掀開，噴出的物質堆積在上面，變成撞擊坑的坑緣。

❺至今仍持續產生 新的撞擊坑

在七年間已經發現了兩百個以上[※]的撞擊坑，是由於隕石墜落在月球表面所形成。

因為月球缺乏大氣層， 隕石不會燒毀

飛到地球的隕石多半能夠在落地之前就燒毀（左上的圖），月球則因為沒有大氣層，所以隕石會直接撞上月球表面形成撞擊坑（左下的圖）。

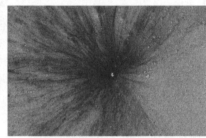

← 二〇一二年到二〇一三年期間形成的，直徑大約十二公尺。

© NASA/GSFC/Arizona State University

❻無法使用指南針

在月球上，指南針的N極不一定會指向北方。

月球的磁場沒有地球強

如右圖所示，指南針的S極指著地球的北極，N極指著南極，地球就像一塊大磁鐵。相反的，月球只有「月海」（參82頁）附近有局部磁場，因此指南針派不上用場。

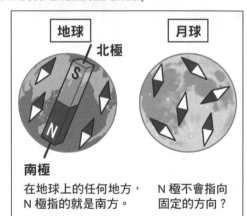

地球	月球
北極 / S / N / 南極	

在地球上的任何地方，N極指的就是南方。

N極不會指向固定的方向？

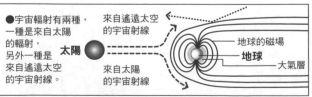

●宇宙輻射有兩種，一種是來自太陽的輻射，另外一種是來自遙遠太空的宇宙射線。

太陽

來自遙遠太空的宇宙射線

來自太陽的宇宙射線

地球的磁場
地球
大氣層

← 宇宙裡充滿對人體有害的宇宙輻射。如左圖所示，地球是利用磁場與大氣層阻擋宇宙輻射，但是月球沒有這些東西，只好忍受宇宙輻射侵入。

※ 截至2016年為止的七年期間產生的新撞擊坑，直徑是2～43公分。

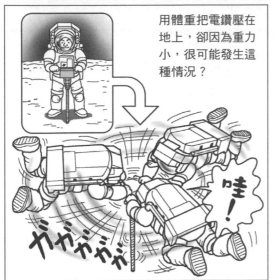

用體重把電鑽壓在地上，卻因為重力小，很可能發生這種情況？

※嘎嘎嘎嘎嘎

❼使用電鑽的話，拿電鑽的人會旋轉

如左圖所示，想要在月球地面鑿開一個大洞的話，旋轉的不會是電鑽，而是拿著電鑽的人。

重力只有地球的六分之一

因為月球重力小，人類壓制電鑽的力量也會跟著減弱，因此地面對抗電鑽的阻力相對顯得較大，手持電鑽的人很可能會跟著電鑽旋轉。

空氣的阻力作用

地球上

月球上　大約六倍的重力

月球上

重力大約是地球的六分之一。

←作用在投出去的球上的重力也變小，所以球會飛得比地球上更遠。

※嘰

ギュルルル

因為太滑，無法前進！

重力小，　所以輪胎無法　抓住地面？

↑月球探測車如果沒有某種程度的重量，或者不改用胎紋深的輪胎，就有可能空轉？

月球重力也是很難搞定的問題。

人類若是要前往月球發展，月球上有缺乏大氣層等許多阻礙，但也有很多好處。

舉例來說，因為月球沒有大氣層也沒有水，也就不需要擔心建造基地的建材會生鏽，也不會有風妨礙工程進行。另外，因為月球重力小，有科學家認為在這裡種植蔬菜會比地球上養得更大。再者，因為月球是距離地球最近的地方，因此月球成為人類新天地的可能性很高。

呼，好吧，我們就打到這裡，今天先放過你了。

因為胖虎的嚴格訓練，害我弄得全身都是沙。

這裡的沙子怎麼拍不下來？

月球上的沙子稱為「表岩屑」，很容易黏在身體和衣服上。

※拍拍拍

※パパ

灰色沙子摸起來很鬆軟。

好像太白粉。

因為顆粒很細。

※沙沙

跑進鼻子裡會害人打噴嚏。

※哈啾！

胖虎，你一打噴嚏就掀起更多揚塵！害我也……

吵、吵死了……

※哈啾！

※哈啾！

36

比打噴嚏更麻煩的是機械的問題。

➡表岩屑跑進阿波羅16號（請參照121頁的「阿波羅計畫」）的月球探測車裡，導致電池溫度上升的問題。

© NASA

⬅1971年發射的阿波羅15號，發生攝影機膠卷（當時的攝影機使用的是膠卷）無法順利傳送的問題。

這沙子與地球的沙子有什麼不同呢？

表岩屑是這樣形成的。

表岩屑的來源，是幾十億年期間，隕石撞擊月球表面產生的岩石碎片粉塵。其中也包括因撞擊而液化的岩石、急速冷凍凝固成的玻璃等。

1 mm

⬅左邊是根據表岩屑的顯微鏡照片繪製的插圖。沙子平均的大小是0.1毫米，不像地球上的沙子經過水或風的刨削，因此會有很多的尖角，容易沾在衣服上。

隕石是岩石的碎片所形成，也就是說……

隕石也會掉落在月球上？

沒錯。

隕石是從宇宙掉落到地球和月球的物質，原本多半是小行星的一部分（參考40頁）。

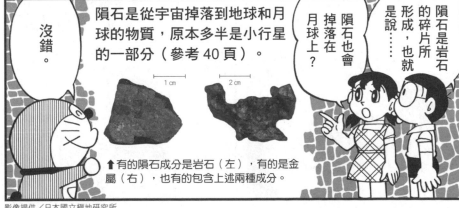

1 cm　　2 cm

⬆有的隕石成分是岩石（左），有的是金屬（右），也有的包含上述兩種成分。

影像提供／日本國立極地研究所

阿里斯塔克斯隕石坑
（參82頁）

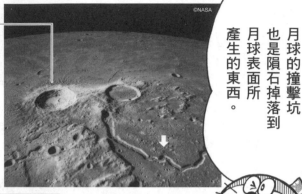

位在月球正面，明亮且容易辨識。附近有類似河川遺跡的地形（箭頭處），據說那是熔岩冷卻凝固遺跡的裂痕。

月球的撞擊坑也是隕石掉落到月球表面所產生的東西。

第谷隕石坑
（參82頁）

月球上較新的撞擊坑，特徵是此坑形成時噴出的物質，形成明亮的放射狀條紋。

保護我們啊！

既然這樣，快點拿出祕密道具

可是機率也不是零，對吧？

知道了，知道了。

等一下，能夠造成那麼大的撞擊坑，也就是說，

隕石如果砸到我們，不就慘了嗎？

所以我想被撞到的機率很低⋯⋯

隕石掉落在月球上沒有那麼頻繁。

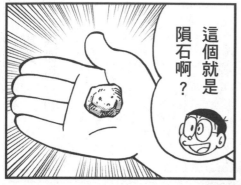

這個就是隕石啊？

拿在手上應該沒問題。

ポロン

小行星是什麼樣的天體？

小行星是指比地球等行星（參70頁）更小、位置比木星更靠近太陽且繞著太陽公轉的天體。多半集中在火星和木星繞行太陽的軌道之間。

小行星大量聚集的區域

太陽

地球

火星

木星

隕石A

隕石原本是小型的小行星。

破碎的小行星

月球

隕石

←小行星撞擊其他行星，或小行星彼此互撞產生的碎片，一部分會像上圖的隕石A那樣，繞著太陽旋轉，並且在繞行過程中衝撞地球等星球的表面。這就是隕石的真面目。

N700A
新幹線
83m

磁浮新幹線
L0 系列車
167m

波音 787-8 客機
250m

隕石墜落
的速度
幾km～幾10km

※速度全以秒速標示

畢竟隕石的速度是秒速幾公里到幾十公里。

那不是比客機快很多嗎？

掉落的速度好快。

發光之後沒一會兒就跑進傘裡了。

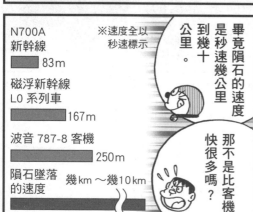

也有這麼小的隕石？

右圖是月之石，箭頭處是月之石表面形成的極小撞擊坑。月球與地球不同，沒有大氣層，所以沙粒大小的隕石也會墜落到地面。

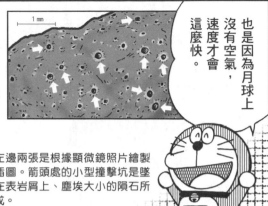

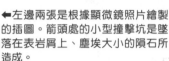

也是因為月球上沒有空氣，速度才會這麼快。

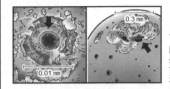

←左邊兩張是根據顯微鏡照片繪製的插圖。箭頭處的小型撞擊坑是墜落在表岩屑上、塵埃大小的隕石所造成。

給我，大雄的東西就是我的東西。
我才不要。

真的嗎？我會好好保存！

大雄是抓到墜落月球隕石的第一人呢。

交出來！
我說了不要！
你們會把表岩屑弄得到處都是，不要亂跑啦！

月球如何誕生？

大約45億年前，大小跟火星差不多的天體與剛形成的地球發生碰撞。
順便補充一點，也有科學家認為碰撞不只發生一次，而是好幾次。

大約45億年前，大小跟火星差不多的天體與剛形成的地球發生碰撞。順便補充一點，也有科學家認為碰撞不只發生一次，而是好幾次。

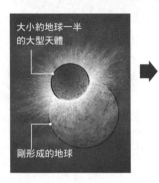
大小約地球一半的大型天體
剛形成的地球

碰撞產生的碎片飛散，受到地球引力吸引而繞著地球轉。

大碰撞說

過去一般相信月球是根據下述的方式誕生，不過每一種主張都有不合理的地方，現在被視為最有力的說法是「大碰撞說」。

母子說

這種說法主張月球是從地球分裂出來，也稱為「分裂說」。

後來變成月球的天體

這些碎片互相吸引聚集，形成後來變成月球的天體。

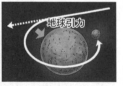
地球引力

陌生人說

主張月球是另外形成後被地球引力抓住，又稱「捕獲說」。

兄弟說

主張月球與地球是相近時期形成的天體，也稱為「孿生說」。

碰撞發生後大約一個月

碎片的聚合物進一步變成月球。剩下的碎片逐漸撞擊月球或地球後消失。

快速理解！現在的月球是怎麼來的？

月亮變成接近現在的樣子，是在大約30億年前。一起來看看它演變的過程。

❶剛誕生時是一望無際的岩漿海

大量碎片碰撞產生高熱，因此一開始月球表面整個都是岩漿。

❷大約40億～38億年前，巨型隕石大量墜落

這個時期，直徑數十公里的小天體和隕石接連衝撞月球表面，形成大型撞擊坑。

← 衝撞形成的撞擊坑中，有直徑超過三百公里的撞擊坑。

→ 大約三十八億年前的月球正面，與現在不同，還沒有平坦的「月海」，整體都是凹凸不平的撞擊坑。

❸大約38億年前～30億年前，火山活動頻繁

過了巨型隕石的時期之後，月球內部產生的炙熱岩漿在表面到處噴發。岩漿流動擴散，冷卻凝固形成「月海」。

← 大約三十億年前的月球正面。黑色平坦的部分是「月海」。雖然沒有第谷隕石坑（參八十二頁）等後來出現的撞擊坑，不過已經很類似現在的月球。

Davis,Donald E./Library of Congress, Geography and Map Division.

形成的過程好激烈！

「大碰撞說」並不是完美的主張。如果這個主張正確的話，月球只是由碰撞地球的天體碎片所構成。但是，構成月球與地球的物質及其比例又很相似，令人不免質疑，難道碰撞地球的天體物質成分，正好與地球一樣嗎？

43 Davis,Donald E./Library of Congress, Geography and Map Division.

※咻

※嗶

真貪心……
剛才明明很害怕會有大量隕石砸下來……

隕石都不來。

我一定要抓到，比大雄更大的隕石。

故障？

咦？燈滅了。

有了！

哦哦！

如果是這樣，傘就沒辦法抓住掉落下來的隕石！

是不是剛才揚起表岩屑，把傘弄壞了？

有了！

沒有其他道具可以替代嗎？

不是這個。

也不是這個。

我討厭老鼠！我怕老鼠！老鼠滾開！

※揮、揮、揮

咦？老鼠掉下來了。

滾遠一點！

※鏘

哆啦A夢，上面！上面！

別過來！別過來！

※轟

老鼠怎麼可能上月球？

我要挖角你當胖虎隊的四號王牌打者。

不，那個實在太丟臉了……

好厲害。

※呼呼呼

45

月球內部是什麼模樣？

一般認為月球內部結構也分為「月殼」、「月函」、「月核」，與地球類似。我們來比較看看吧。

月殼 表面主要是斜長岩，部分是構成「月海」的玄武岩等（參108頁）。

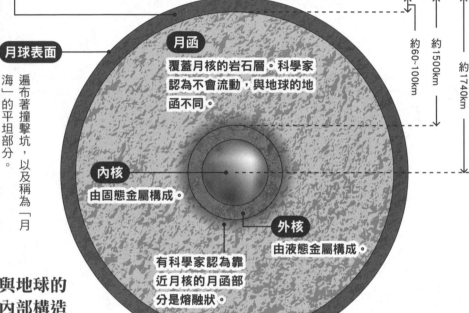

月球表面

遍布著撞擊坑，以及稱為「月海」的平坦部分。

月函
覆蓋月核的岩石層。科學家認為不會流動，與地球的地函不同。

內核
由固態金屬構成。

外核
由液態金屬構成。

有科學家認為靠近月核的月函部分是熔融狀。

約60~100km
約1500km
約1740km

與地球的內部構造相比的話……

地球與月球不同，地球的地函有對流※運動，地殼底下稱為板塊的岩石層，也會配合著移動。

地殼

地球的表面，厚度約5~40公里。

板塊

地殼與上部地函的堅硬部分構成的岩石層。

內核 由固態金屬構成。

上部地函與下部地函雖然都是固態的岩石，但是因為地核的熱度使得兩者之間發生對流。

上部地函
下部地函

外核
由液態金屬構成。

約670km
約2900km
約5100km
約6400km

※ 對流：加熱部分上升，與冷卻部分互換的活動。

底下的插圖是以稍微誇張的手法強調月殼厚度的差異。為什麼月球背面的月殼比較厚，也成了月球的一大謎團。

背面撞擊坑很多，凹凸不平

如下圖所示，月球背面的特徵是高低差明顯的地形。

正面有許多平坦的「月海」

稱為「月海」的平坦地形（參82頁）集中在月球正面。

正面 ← | → 背面

撞擊坑

月海

月殼

月函

©JAXA/NHK

←位在月球正面、北半球的「雨海」（參82頁）是月球第二大月海，大小能夠容納整個日本本州（約22萬7960平方公里）。

©JAXA/NHK

© NASA

↑阿波羅十二號的著陸地點，在「風暴洋」（參82頁）附近。這裡是容易著陸的平坦地形，因此阿波羅計畫（參121頁）選擇在這裡著陸。

關於月球的正面和背面，將在81～83頁詳細說明！

地球和月球內部構造上最大的不同，在於地球的地函有對流現象。

地球板塊也因為配合地函的對流移動，而有了火山活動、地震，以及大陸漂移等現象。

另一方面，月球目前看不到火山活動與月殼變動，因此科學家認為月球的月函不會流動。

兩週之後的

九月下旬——

今晚看到月亮，感覺比平常更親近了。

因為我們不久之前才去過月球。

第②章 如果月亮不見了

可是，如果我們平常能看到的月亮消失了，你們有什麼想法？

那就沒辦法像現在這樣一邊賞月，一邊吃糯米丸子了，對嗎？

繩子？

接下來……

就讓你們看看月球對地球的影響有多大吧！

我要的不是這種答案。

咦？我們又不是大雄。

為什麼突然玩起火車遊戲？

對，話不多說，我們出發吧！

就這樣走進海裡嗎？

我不會游泳耶！

咦？咦？

海？

※嘩～嘩～

※嘩～嘩～

49

這是「防水繩索」。水不會進入繩圈內側。

我們四周卻沒有水!

怎麼會這樣?我們不是在海裡嗎?

這裡是?

世界遺產嚴島神社※。這裡以建在海上的大鳥居聞名。

島根縣
岡山縣
廣島縣
嚴島神社
山口縣
嚴島(廿日市市)

我們用轉一轉時針就能夠改變日期的「快速時鐘」,讓時間前進到明天傍晚吧。

※轉轉

キリリ

好美⋯⋯滿月高掛天邊,看起來好像一幅畫。

※嚴島神社:位於日本廣島縣廿日市市的市宮島(嚴島),是自古以來供奉航海守護神的神社。

50

水不見了！

海水剛才明明高過頭頂啊？

四周都有人在到處走！

這是因為退潮啦！

不是，我是在想那麼多的水都被吸到哪裡了⋯⋯

怎麼了？

？

難道潮汐的高低⋯⋯

對，也和月球引力有關。下一頁將會介紹。

這一帶滿潮和乾潮的最大差距約有四公尺。

滿潮時 376cm

※此處顯示的是 2018 年宮島（廣島縣）的最高潮位與最低潮位。

415 cm

乾潮時 -39cm

為什麼會發生潮汐現象？

地球的海面受到月球引力牽引，因而發生滿潮，又因為地球自轉，所以會反覆滿潮、乾潮。

一天會發生兩次滿潮與乾潮。

※給家長：正確來說，發生滿潮的兩端都是受到月球潮汐力的作用造成。

月球

乾潮

滿潮 ← 地球 → 滿潮

乾潮

↑靠近月亮那一側滿潮時，如圖所示，因為離心效應的影響，所以地球另一側也是滿潮。而與滿潮成九十度的兩個區域則是乾潮。從滿潮到下次滿潮的平均時間大約是12小時又24分鐘。滿潮與乾潮則大約在24小時又48分鐘之內會分別發生兩次。

什麼是大潮和小潮？

滿潮與乾潮的最大差稱為大潮，最小差稱為小潮。發生的原因除了月亮之外，也與太陽引力有關。

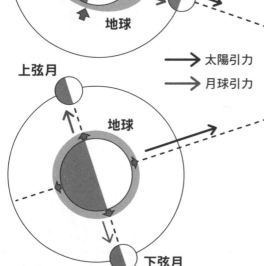

滿月

新月

地球

上弦月

地球

下弦月

→ 太陽引力
→ 月球引力

太陽

大潮→新月或滿月

在太陽、月球、地球排成一直線的新月與滿月時，有月球與太陽引力相互配合，因此潮汐的潮位差最大，是大潮。順便補充一點，太陽的影響大約佔月亮的46%。

小潮→上弦月或下弦月

上弦月、下弦月時，月亮與太陽正好與地球形成直角，因此雙方的引力相互抵銷，形成滿潮與乾潮潮位差最小的小潮。

我們明白月亮與潮汐有關了。

反過來說，即使少了月亮，潮汐也只會發生一點點變化，不是嗎？

才沒那回事！沒有月亮的話，人類在地球上會過得很痛苦⋯⋯

聽你這麼說，我好想看看到底有多痛苦。

這種情況下就要拿出「如果電話亭」，對著電話許願，讓全世界變成想要的樣子。

真是的⋯⋯

※拿出來

每次都不見棺材不掉淚⋯⋯

這次至少別牽連到別人。

喂～如果月亮不見了，讓地球變成沒有月亮的世界，讓這個行星上只有我們！

※嘟嚕嚕嚕

怎麼了？

※咻

但是在沒有月亮的時候是八個小時轉一圈，就像現在這樣，以三倍速自轉。

你說什麼！

※咻

※嗡嗡嗡嗡

這點與潮汐有關。你們看底下的圖。

為什麼沒有月亮就會變成這樣？

月球能夠幫助地球降低自轉速度！

月球會像圖①～圖③所示，不停的對地球施予與自轉方向相反的力量，藉此減緩地球的自轉速度（參58～59頁）。

① 地球　月球引力　月球　月球的軌道

利用月球引力吸引漲潮。

② 地球　月　自轉方向

在海水漲潮的狀態，朝著箭頭方向自轉，海水會比月球先一步前進。

③ 地球　月球引力　月

比月球先一步前進的海水受到引力影響，以與自轉方向相反的力量牽制地球，為自轉踩煞車。

月球引力影響海水，就能夠讓地球的自轉踩煞車。

所以負責踩煞車的月亮一旦消失，自轉速度就會加快。

可是為什麼自轉加速，就會吹起這麼強的大風呢？

地球表面會因為許多原因吹風，其中一個原因就是自轉的影響。

與自轉大有關係的地球大氣動態

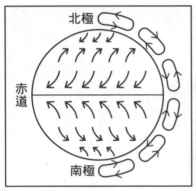

如左圖所示，地球有大氣在快速流動。大氣因為自轉，分成了幾個區段。假如地球無法自轉了，氣流就會變成右上圖的樣子。

←木星以大約10小時一圈的速度自轉，大氣流動比地球更快速，因此能夠看到一條條橫條狀的雲紋。

© NASA/JPL/University of Arizona

那麼接下來將會一直吹這樣的風嗎？

別開玩笑了！

※轟

地球一旦沒有月亮就慘了。

你們懂了吧？

既然這樣，我們就回去原本的世界……

呃！糟了！「如果電話亭」不見了！

※轟嗡嗡嗡

※匡啷匡啷

※轟嗡嗡嗡

被風吹走了嗎？

沒錯……問題不是只有暴風。

那我們回不去原本的世界了嗎？這樣的地球根本無法生活！

地球如果自轉一圈只用八小時的話，白天和晚上各為四小時。這麼一來，原本已經習慣一天二十四小時的我們，身體會壞掉。

天亮了？

早上了？

會像這樣……

我們該怎麼辦才好？

嗯？

該不會……

※轟嗡嗡

※颯～

都這種時候了，你還睡得著！

大雄或許是能夠在沒有月亮的地球生存下來的少數人類。

※颯～

57

月球正在逐漸遠離？

月球繞著地球轉，事實上是一邊繞行，一邊以一年大約3.8公分的距離逐漸遠離地球。聽到這情況，大家都很驚訝吧？為什麼會發生這種事？月球與地球的距離將會變成什麼樣？

原因是潮汐的牽引

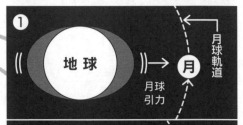

① 地球 月球軌道 月球引力 月

② 地球 漲潮部分的引力 月

③ 地球 月 向外脫離預定的軌道。

原本一天是二十四小時，後來越變越長。

也就是說地球一天的長度與月球大有關係……

月球逐漸遠離地球的原因如上圖所示。
①月球引力等造成海面上升。
➡②在海面上升的情況下地球自轉。
➡③月球被上升的海水拉扯甩動，月球遠離地球。上升的海面也受到月球拉扯，所以地球自轉速度減慢，一天的時間變長。

大約20億年前

距離地球**大約32萬公里**

地球一天的長度：**大約17小時**

月球公轉的週期：**大約21天**

大約45億年前

距離地球**大約1萬9000公里**

地球一天的長度：**大約5小時**

月球公轉的週期：**大約5小時**

現在

距離地球**大約38萬公里**

地球一天的長度：**大約24小時**

月球公轉的週期：**大約27天
又8小時**

月　地球

大約50億年後

距離地球**大約47萬公里**

地球一天的長度：**大約48小時**

月球公轉的週期：**大約38天**

➡月球繞地球公轉的軌道是橢圓形，因此月球與地球的距離經常改變。最近與最遠距離的差距大約是地球直徑的四倍。

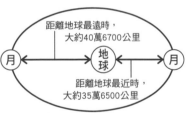

距離地球最遠時，
大約40萬6700公里

地球

月　月

距離地球最近時，
大約35萬6500公里

大約200億年後

距離地球**大約55萬公里**

地球一天的長度：**大約47天**

月球公轉的週期：**大約47天**

如上圖所示，月球在剛誕生時距離地球很近，當時地球一天的長度與月球的公轉週期都很短。

但是，又如右頁圖片說明，地球海水上升的區域與月球相互牽引，所以現在月球正在逐漸遠離地球，地球的自轉速度也在持續下降。

這種改變將持續到地球自轉週期與月球公轉週期一致為止。科學家認為大約會發生在兩百億年之後。

沒有月亮的話，還會發生

其他什麼狀況嗎？

……我想想

地軸傾斜角度如果改變的話，後果會很嚴重！

啊，對了！

地球清潔？

地軸傾斜啦！

地軸是地球自轉時的軸心嗎？

對。

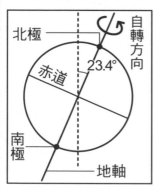

北極

自轉方向

23.4°

赤道

南極

地軸

因為地軸傾斜，才有四季變化

多虧有地軸傾斜（左圖），才能夠如下圖所示有四季變化。春分到秋分時，北極那一側能夠向著太陽，讓陽光充分照耀北半球，使氣溫上升。秋分到春分時，改由南半球享受充足陽光，北半球氣溫下降。

地軸的傾斜角度是像這樣，因為月球引力而維持穩定，但是……

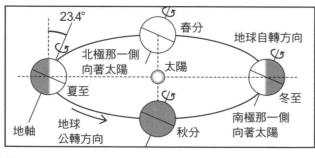

23.4°

春分

地球自轉方向

北極那一側向著太陽

太陽

夏至

冬至

地軸

地球公轉方向

秋分

南極那一側向著太陽

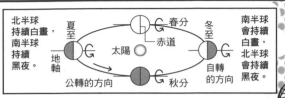

北半球持續白晝，南半球持續黑夜。

春分
赤道
太陽
地軸
公轉的方向
秋分
夏至
自轉的方向
冬至

南半球會持續白晝，北半球會持續黑夜。

↑假如像上圖這樣，地軸傾斜成90°的話，地球將會變成夏季白天極長，冬季夜晚極長的狀態，季節變化也會加劇。北極和南極的冰會反覆融化結凍，導致地球整體氣候也跟著大幅改變。

那麼，一旦沒有月亮的話……

嗯，傾斜角度改變的話，地球的氣候也會跟著受到影響。

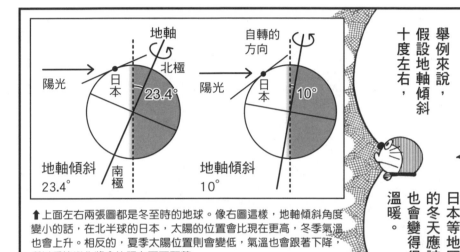

地軸
自轉的方向
北極
陽光
日本
23.4°
陽光
日本
10°
地軸傾斜23.4°
南極
地軸傾斜10°

↑上面左右兩張圖都是冬至時的地球。像右圖這樣，地軸傾斜角度變小的話，在北半球的日本，太陽的位置會比現在更高，冬季氣溫也會上升。相反的，夏季太陽位置則會變低，氣溫也會跟著下降，所以季節變化將會比現在更不顯著。

舉例來說，假設地軸傾斜十度左右，

日本等地區的冬天應該會變得很溫暖。

好可怕……必須快點找到「如果電話亭」才行！

可是要怎麼找？

發生各種不同的天然災害，許許多多的生物將會滅絕。

地球氣候發生改變的話，會產生什麼影響？

可以知道要找的東西在哪裡的，「在哪裡之窗」。

「如果電話亭」在哪裡？

※喀答

哇！

因為暴風的關係……「如果電話亭」被吹得到處亂滾！

※匡匡匡匡

風這麼大，就算知道電話亭在哪裡，過去找的話，電話亭又會被吹到別處去。

※轟～

有了，哆啦A夢，拿「縮小燈」出來。

62

把我縮小，進去「在哪裡之窗」的話……

原來如此！只要找到「如果電話亭」或許就能夠立刻抓住了。

我也要去，我不放心只有大雄自己去。

而且，會變成現在這樣，也是我們的錯。

※轟隆隆

你們兩個準備好了嗎？

小心大風！

就交給我們吧。我想到好點子了。

真的嗎？

看吧！你們這不是被風吹走了嗎？

※轟隆隆

※照射

「放大燈」！

胖虎，我動手嚕！

※增長、增長

喔喔喔喔！

對吧，而且也可以一下子就追上「如果電話亭」。

這樣不錯，變大就不怕強風了。

接下來換我。

※照射

64

※腳下一滑

才能夠恢復成
原本有月亮的
世界。

快點
抓住它，

※喀嘣

※喀嘣、喀嘣

對喔！
因為地球的
轉速變快了……

不是啦，
你快看！
剛才天色
還很亮，
現在已經快要
天黑了！

對、
對不起。
下次我會
好好抓住。

喂，
大雄！

※猛力抬頭

65

才一眨眼就天黑了！

什麼都看不見！

※砰

找不到「如果電話亭」了！

沒有月光，也沒有燈⋯⋯

哆啦A夢，救救我們！

沒辦法了！地球要滅亡了！

※啪

是月亮！

咦？怎麼會這樣？

大雄，那邊！

看到了，是「如果電話亭」！

咦？我剛剛好像聽到哆啦A夢的聲音？

太好了！

我抓住了！

※緊緊抓住

哆啦A夢！你什麼時候來的？

幸好有趕上。

※貼住

※取出

路上小心！

我想到沒有月光會很麻煩，所以從「實物圖鑑」拿出月亮。

謝謝你，哆啦A夢。你幫了大忙！

快點恢復成原本的世界！

※變大變大

嗯。

別說了，快點使用「如果電話亭」！

※靜悄悄　※照射

し―――ん…

快看那個！

咦咦？

風停了！

這表示世界恢復原本的樣子了吧！

居然出現兩個滿月！

真正的月亮和「實物圖鑑」的月亮……

這樣的美景也算驚人了。

怎麼回事？

快來人通知天文台！

雖然還想再多看一會兒，

不過情況似乎快要不可收拾了，得快點把圖鑑的月亮收回來。

※人聲鼎沸、喧嘩吵鬧

69

與月球有何不同？行星的衛星大圖鑑

繞著行星轉的天體稱為「衛星」。但是在太陽系中，除了地球的衛星月球之外，還有其他哪些衛星呢？這裡將介紹最有名的九個衛星。

水星 0	
金星 0	
太陽	
火星 2	木星 72　土星 53　　天王星 27　　海王星 14
地球 1	

太陽系有哪些行星？

如左圖所示，繞行太陽公轉的天體總共有8個。除了水星與金星之外都有衛星（行星名稱後面的數字是衛星的數量），實際總數有169個以上。

※此處的衛星數量只計算國際天文學聯合會審核通過，有確定編號者。

火星的衛星

兩顆衛星最長的地方不過數十公里，形狀也不是球形。科學家認為來源可能原本是小行星的天體被火星引力拉住。

火衛一（佛勃斯）
（約26km）

火衛二（戴摩斯）
（約16km）

© NASA/JPL-Caltech/University of Arizona

火衛一上有比較大的撞擊坑（箭頭處），在距離火星約9000公里處公轉。火衛二則在距離火星約2萬4000公里處公轉。

木星的衛星

太陽系中擁有最多衛星的就是木星。這裡介紹其四個最大的衛星，根據發現者的名字命名為「伽利略衛星」。

木衛三（甘尼米德）
（約5260km）
© NASA/JPL/DLR

木衛四（卡利斯多）
（約4820km）
© NASA/JPL/DLR

木衛一（埃歐）
（約3600km）
© NASA/JPL/DLR

木衛二（歐羅巴）
（約3120km）
© NASA/JPL/DLR

一般認為除了火山活動頻繁的木衛一之外，其他三個在覆蓋表面的冰層底下或許有液體海洋。科學家更是期待其中的木衛二上或許有生物存在。木衛三則是太陽系最大的衛星。

※衛星名稱後面標示的長度為其直徑。非球形的火衛一、火衛二標示的是最長距離的長度。

土星的衛星

西元2000年起，「卡西尼–惠更斯號」探測器發現了許多顆衛星。土衛六的大氣層與太古時代的地球相似，因此科學家認為上面或許有生物存在。

© ESA/NASA/JPL/University of Arizona

土衛六（泰坦）（約5150km）　　**土衛二（恩賽勒達斯）**（約500km）

左圖是2005年從「卡西尼–惠更斯號」探測器分離出的「惠更斯號」小型探測器，所拍攝到的土星最大衛星「土衛六」地表。上面右圖的土衛二經觀測後發現表面的冰層裂縫噴出鹽水（箭頭處），因此科學家認為可能有生物存在。

海王星的衛星

最大衛星海衛一（特里同）比月球小一些，不過其他的衛星更小。

海衛一（特里同）（約2700km）

主要的成分是氮，有單薄的大氣層。表面成直條狀，科學家認為是隆起的冰。也觀測到有火山噴發的遺跡。

←海衛一的公轉方向與海王星的自轉方向相反。也有科學家認為海衛一是很久以前路過海王星卻被引力抓住的天體。

海王星

海衛一

海衛一的公轉方向

海王星的自轉方向

在七十至七十一頁介紹的衛星之中，最令人好奇的就是可能存在生物的木衛二、土衛六、土衛二。

它們擁有與地球相似的氣體大氣層、液體海洋，不過也因為距離地球很遠，無法像月球或火星那樣進行探測。人類如果真的要前往開發月球和火星的話，這三個衛星或許是接下來的重大目標之一。

如果找到生物，那可就不得了了！

世界首次拍攝到月球背面的是蘇聯的探測器

人類首次看到月球背面，是1959年蘇維埃聯邦（簡稱蘇聯，就是現在的俄羅斯）發射的月球三號探測器所拍到的照片。

影像提供：[CC0] Memorial Museum of Astronautics

➡這是傳送到地球的照片。由此得知月球背面很少「月海」。

← 月球三號無人探測器，一共拍到二十九張月球背面的照片。

如果從地球看得到的那一面稱為「月球正面」，地球看不到的那一面就是「月球背面」。

前一陣子我們去的是看得到地球的那一面，所以當然是月球正面。

那麼，月球背面真的有外星人嗎？

從這裡看不到月球背面，也從來沒有人在那裡著陸過，所以難免有人有這樣的猜測。

原來只是猜測啊。

大雄真是的，老是會相信尋寶、外星人這種東西。

73

所以，如果我現在去，就是第一個踏上月球背面的人嗎？

你剛剛說「沒有人在那裡著陸過」嗎？

等一下，這樣很沒氣氛吧。

好了好了……既然大家聊了那麼多月球背面，我們就去一趟吧。

你說什麼？

胖虎才是最幼稚。

※抽出

我拿「太空船」出來。院子借我用。

不愧是哆啦A夢。

好像很有趣！

真是愛找麻煩。

我想要以世界首次之姿，華麗登陸月球背面。

喂！

為什麼是一艘船啊？

這是帆船型的太空船。

※ 啪咻

上船之前先用「適應燈」照一下。

ハロシュ

哇，裡面好像真的太空船！

我想看到的就是這種！

※ 啪嚓

啟動反重力引擎！

ホヘ

※ 嘆嗡

接下來才是重頭戲。

好酷喔！地球越來越遠了。

月球已經近在眼前了？

咦？

可是，這個月球好像有點奇怪？

對，好多坑坑洞洞……

難道這個是……

嚇到了吧？這艘太空船能夠曲速航行。

所以距離三十八萬公里也能夠一眨眼抵達。

對，這裡是月球的背面。

與我們平常看到的正面不同。地勢很險峻，對吧？

那是什麼？剛才那邊好像亮了一下……

哪邊？

快點著陸吧。

不可以。現在是黑夜，必須小心駕駛。

※一閃

77

※射出

哇！

好險……

我們是遭到攻擊了嗎？

那道射線來自那個太空船！

大家快看！

好，我們也發射射線反擊！

你們看，果然有外星人！

也就是說我們不是第一批到達的嘍？

你們還在講有的沒的！都什麼時候了，

※喀嚓

大雄！

大家沒事吧？

嗚嗚……

※吱

唔

嗯……

該不會剛才攻擊我們的外星人，跑上船來了？

媽呀！

80

比一比！月球的正面與背面

在 47 頁時稍微提過月球正面與背面的地形差異，
接下來將更詳細的搭配圖片介紹。

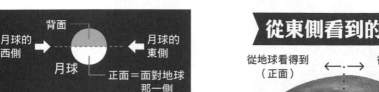

月球的西側 ← 背面
月球的東側 →
月球
正面＝面對地球那一側

地球

⬆上圖分別是從北極側往下看月球和地球的示意圖。本頁所提到的「東側」及「西側」則是表示由各個箭頭的橫向看月球。

從東側看到的月球

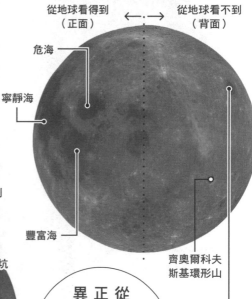

從地球看得到（正面） ←・→ 從地球看不到（背面）

危海

寧靜海

豐富海

齊奧爾科夫斯基環形山

莫斯科海

從西側看到的月球

從地球看不到（背面） ←・→ 從地球看得到（正面）

阿里斯塔克斯撞擊坑

東方海

溼海

風暴洋

從側面看過去，正面和背面的差異一目了然。

正面與背面大不同！

不管是從東側還是西側看月球，都能看出地球看得見的正面與地球看不見的背面不相同。月球正面較多漆黑平坦的「月海」；相反的，背面有醒目的撞擊坑，幾乎沒有「月海」。從下一頁起，將分別介紹月球的正面與背面。

有許多平坦的「月海」，地勢高低差異小

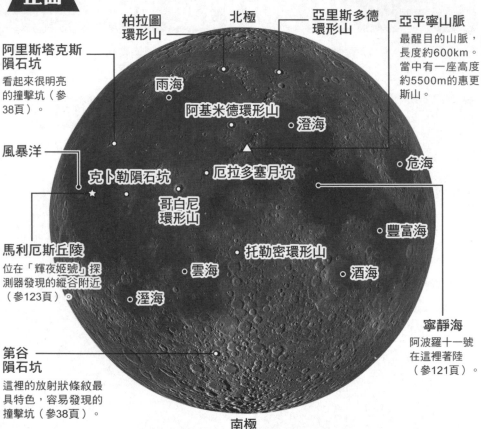

柏拉圖
環形山

北極

亞里斯多德
環形山

亞平寧山脈
最醒目的山脈，
長度約600km。
當中有一座高度
約5500m的惠更
斯山。

阿里斯塔克斯
隕石坑
看起來很明亮
的撞擊坑（參
38頁）。

雨海

阿基米德環形山

澄海

風暴洋

危海

克卜勒隕石坑

厄拉多塞月坑

哥白尼
環形山

豐富海

馬利厄斯丘陵
位在「輝夜姬號」探
測器發現的縱谷附近
（參123頁）。

托勒密環形山

雲海

酒海

溼海

寧靜海
阿波羅十一號
在這裡著陸
（參121頁）。

第谷
隕石坑
這裡的放射狀條紋最
具特色，容易發現的
撞擊坑（參38頁）。

南極

※○為主要的撞擊坑，●為主要的月海。
© NASA/GSFC/Arizona State University

「月海」是這樣形成

月球正面有許多這種地
形，這種地形在43頁介紹過，是在大約火山活
動頻繁的38億～30億年前，以右
圖的方式誕生。

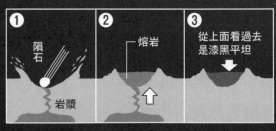

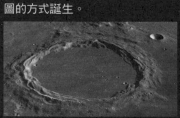

① 隕石　岩漿

② 熔岩

③ 從上面看過去
是漆黑平坦

①墜落的隕石在月球表面製造出撞擊坑與大裂縫。
②月球內側岩漿從裂縫變熔岩噴出，填滿或遍布撞擊坑。
③熔岩冷卻凝固，變成左邊照片中漆黑平坦的地形，稱為
「月海」。

© JAXA/NHK

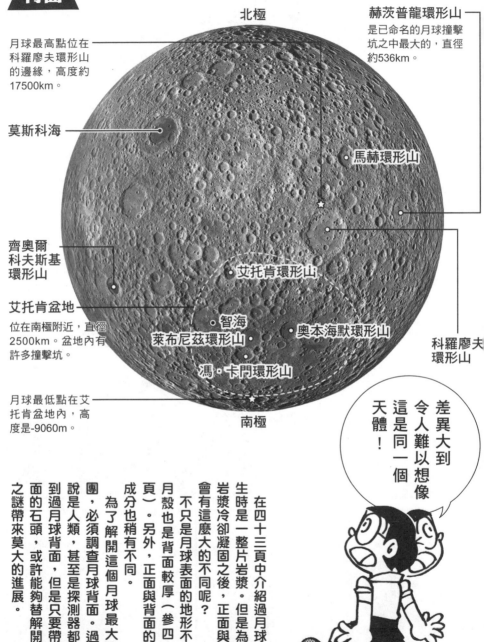

背面　撞擊坑很多，地勢高低差異大

北極

赫茨普龍環形山
是已命名的月球撞擊
坑之中最大的，直徑
約536km。

月球最高點位在
科羅廖夫環形山
的邊緣，高度約
17500km。

莫斯科海

馬赫環形山

齊奧爾
科夫斯基
環形山

艾托肯環形山

艾托肯盆地
位在南極附近，直徑
2500km。盆地內有
許多撞擊坑。

智海

萊布尼茲環形山

奧本海默環形山

科羅廖夫
環形山

馮·卡門環形山

月球最低點在艾
托肯盆地內，高
度是-9060m。

南極

差異大到
令人難以想像
這是同一個
天體！

　在四十三頁中介紹過月球甫誕
生時是一整片岩漿。但是為什麼
岩漿冷卻凝固之後，正面與背面
會有這麼大的不同呢？

　不只是月球表面的地形不同，
月殼也是背面較厚（參四十七
頁）。另外，正面與背面的月殼
成分也稍有不同。

　為了解開這個月球最大的謎
團，必須調查月球背面。過去別
說是人類，甚至是探測器都沒有
到過月球背面，但是只要帶回背
面的石頭，或許能夠替解開月球
之謎帶來莫大的進展。

83

那個是……

外星人！

……

＃⊃∀※◇♪

√
％∏
@$
＊！

哆啦A夢，那個外星人……

嗯，他沒有武器，等我一下。

你是誰？

為什麼來月球？

你聽得懂我的語言？

「翻譯蒟蒻」。

因為太空船故障，所以迫降在這裡。

我是來自美里艾星的吉爾。

開什麼玩笑！你剛才明明還攻擊我們！

求求你！能不能幫我修理太空船？

你們來自地球嗎？

嗯。

那是在發射「求救射線」。

※嗶嗶嗶

攻擊？

啊！

※射出

原來是ＳＯＳ的意思啊。

哆啦Ａ夢！

搞錯！都怪你

你自己明明也以為是遭到攻擊！

我是過來調查太陽系……

正要通過地球的時候，太空船不曉得為什麼失控，

後來我就勉強降落在這裡了。

※嗶嗶嗶

因為地球會發射大量電波，

可能是這樣才會發生問題。

※啦～

我懂我懂……畢竟我們常常受到魔音穿腦的電波折磨。

很能夠感同身受。

喂……

86

不過幸好你是迫降在月球背面。

為什麼？

地球的電波不會傳送到月球背面。

月球 背面 | 正面 | 地球

約1.3秒

↑來自地球的電波不會傳送到月球背面，不過傳送到正面的電波，往返地球和月球只要短短1.3秒。

真的嗎？

太空船修理好後，從這裡出發的話，就不會受到影響。

剛剛那個是你的太空船嗎？

那個是緊急逃生小艇。

意思是你的太空船比這個更大嗎？

跟我來！

哇！怎麼有這麼大的洞？

這是我的太空船迫降月球時，撞出來的洞。

好深啊。

我把太空船收在洞裡，但是……

怎麼了？

這個洞太深，我想帶你們過去太空船那裡，可是逃生小艇只能載一個人……

有了。

塗過的地方都能夠站立的「重力油漆」。

小心別走到沒有油漆的地方！

咦咦？這是怎麼回事？

深度好像大約有五十公尺⋯⋯

儘管往前走吧！

好厲害！

你們究竟是⋯⋯

哆啦A夢有很多祕密道具。

一定能夠修好吉爾的太空船。

真的嗎？

噴上「日光苔」就能夠發出跟太陽光一樣的光線。

讓洞裡變亮。

※嘆咻

到達洞穴底部了。

這裡有多大？

哇，好寬！

地底下居然有這麼大的洞，難道這裡是……

我從那個入口進來，

就發現裡面有這樣的橫向洞穴，

於是我就把太空船放在這裡。

果然是熔岩管……原來月球上真的有。

熔岩是火山噴發時流出來的那個東西嗎？

熔岩

岩漿

↑岩石在地底下變成液體狀態，稱為岩漿；湧出地面上的稱為熔岩。月球在火山運動頻繁的30億年前之前噴出的熔岩沒有那麼黏稠，容易向外擴散，也因此一旦冷卻，就會像Ⓐ這樣，變成平緩的矮山。這也是月球上沒有高山的原因之一。

熔岩表面冷卻變成管狀的「熔岩管」

科學家認為應該是在大約 30 億年前之前（參 43 頁），月球火山活動頻繁的時候形成。順便補充一點，地球上也到處都有熔岩管。例如：日本富士山的山麓就以同樣方式形成的「風穴」地形聞名。

科學家認為月球的熔岩管是這樣形成的。

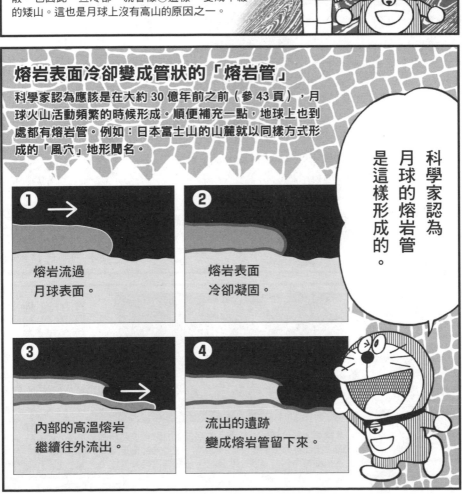

❶ 熔岩流過月球表面。

❷ 熔岩表面冷卻凝固。

❸ 內部的高溫熔岩繼續往外流出。

❹ 流出的遺跡變成熔岩管留下來。

這裡這麼寬，足以容納整艘太空船了。

嗯。不過這個地方的好處不是只有寬。

因為這裡無法直接晒到陽光，所以洞裡能夠維持一定的溫度。

在33頁也提過，月球表面的向陽處與背陽處溫差很大。

溫差大約有 300℃

右圖顏色最深的地方大約120℃，白色部分大約零下180℃。由此可知月球表面的溫差很大。

太陽光線→

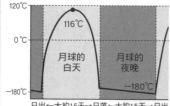

※根據美國國家海洋暨大氣總署發表的資料製成

120℃

116℃

0℃

−180℃

月球的白天　月球的夜晚

−180℃

日出←大約15天→日落←大約15天→日出

←這張圖表顯示月球赤道的溫度變化。由圖可知，從白天變成夜晚後，溫度急速下降；從夜晚變成白天後，溫度又急速上升。

※根據美國太空總署「LRO」月球探測器的觀測資料製成

機器在溫差劇烈的地方容易故障。

所以這裡是停放太空船的絕佳地點。

日　約 120℃　　夜　約 -180℃

↑探測器和月球探測車遇到太熱或太冷的環境都會故障，因此此在寒冷的夜晚必須維持、在炎熱的白天必須冷卻機械內部的溫度。而要讓一個機器同時兼具這兩種功能，實在困難。

這樣的熔岩管對我們地球人來說也很重要。

這裡？

對我們來說？

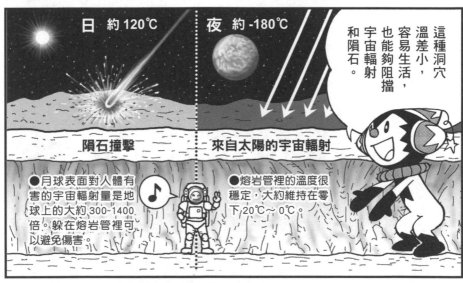

這種洞穴溫差小，容易生活，也能夠阻擋宇宙輻射和隕石。

日 約120℃　夜 約-180℃

隕石撞擊　　來自太陽的宇宙輻射

● 月球表面對人體有害的宇宙輻射量是地球上的大約300~1400倍。躲在熔岩管裡可以避免傷害。

● 熔岩管裡的溫度很穩定，大約維持在零下20℃～0℃。

也適合用來建造月球基地。

月球基地？

為了調查月球，也為了更進一步探索遙遠的宇宙，因此科學家計畫在月球上打造人類生活的空間。

我知道。一般來說建造基地需要在月球表面準備柱子和屋頂。

但如果能夠直接使用這個岩石環繞的熔岩管，就省時省事多了。

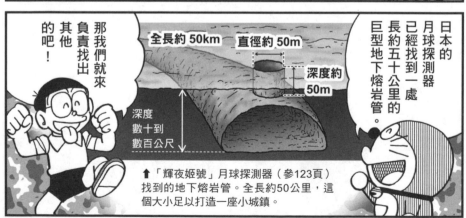

日本的月球探測器已經找到一處長約五十公里的巨型地下熔岩管。

那我們就來負責找出其他的吧！

全長約 50km

直徑約 50m

深度約 50m

深度數十到數百公尺

↑「輝夜姬號」月球探測器（參123頁）找到的地下熔岩管。全長約50公里，這個大小足以打造一座小城鎮。

那麼，我們就在這裡建造第一座月球基地吧！

好主意！

既然是基地，就需要各種不同用途的空間。例如：餐廳。

我希望有浴室。

也一定要有寢室。

我想要有K歌包廂、電影院、棒球場，還有……

你們別為了幻想中的事情吵架！

這樣要怎麼修理吉爾的太空船？

胖虎，你的要求太多了！

怎樣？你有意見嗎？

你們真是的……

也是，抱歉、抱歉。

在月球上建造基地，可行嗎？

在前一頁中，大雄他們熱烈討論著打造月球基地的事。如果實際在月球上建造基地的話，會是什麼情況呢？接下來的四頁將大膽預測建造過程與結果。

© ESA

我也想要參與基地建設！

將基地蓋在熔岩管裡？

可能不是蓋在月球表面，而是利用能夠遠離隕石與宇宙輻射（參34頁）的巨型熔岩管（參91頁）來建造。

建造工程
需要使用大量的
機器人？

人類無法在沒有大氣層、
溫差劇烈的月球上勞動，
因此負責基地建設的應該
主要會是機器人。

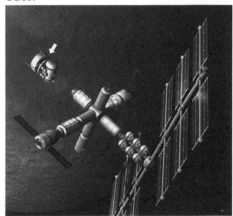

先去「月球太空站」
再前往基地？

目前規劃的目標，並不是直接從地球搭乘太空
船前往月球基地，而是先建造繞行月球的「月
球軌道太空站」，讓太空船先前往太空站，再
由太空站搭乘小型太空船（箭頭處）登陸月球
基地。

前往月球旅行
也有機會實現？

基地當然是用來進行實驗和研究等工作，不
過之後也考慮興建飯店等迎接觀光客。

「月球基地」這種過
去只存在於科幻小說的
世界，如今也有可能實
現了。

自一九五〇年代開始
的探索，讓月球的全貌
逐漸揭開（參一二〇～
一二五頁），也逐漸知
道人類想要前往月球發
展需要哪些資源（參
一〇六～一一〇頁）。

提到目前有人類長期
駐守進行研究與實驗的
宇宙設施，就是繞行在
地球上空約四百公里處
的國際太空站。但是國
際太空站在二〇二四年
之後的任務尚未確定。
只要月球基地得以實現
的話，或許就能夠取代
國際太空站的功能。

建造基地的目的？

除了為了能夠在月球或宇宙生活而進行各種實驗與研究之外，也可以用來執行下列三項任務。

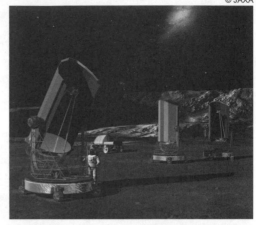

© JAXA

❶從月球觀測天體

可以隨時從月球的正面觀察地球。另一方面，也因為在月球背面看不到反射太陽光的明亮地球，更方便從這裡觀測黑暗的恆星與天體。

❷進行月球資源等相關調查

為了將來能夠在月球與其他天體生活，調查月球上是否有能夠使用的能源與金屬等。另外，也採集岩石，研究萃取這類資源的各種方法。

© JAXA

❸火星探索的準備與訓練

也可當作學習在宇宙生活與工作的訓練場，協助將來探索比月球更遠的火星等天體。

© JAXA

能夠建造哪些設施？

基地的建設，以及在月球生活必須耗費大量的勞力與金錢，因此需要省錢省力的設施。

充氣建築

在月球不易進行工程，因此目前有人正在研究照片中這種不需花費時間搭建且運送方便、充氣即可使用的建築。

蔬菜工廠（上）與太陽能發電裝置（右）

目前正在研發的是，能夠使用電燈作為光源在室內培育的蔬菜，方便生產月球上所需的食材（上方照片）。另外也能在月球表面設置許多適合太陽能發電（參110頁）的太陽能蓄電板。

這是為了盡可能自給自足。

把一公升的水運送到月球上必須花費一億日圓（約新台幣兩千七百萬元）。所以若是月球基地的建造材料全都要從地球運過去的話，花費將相當可觀。

因此最重要的課題是要盡量研發在月球上就能準備的東西。

據說人類想要前往月球發展，除了與一〇六至一一〇頁介紹的月球資源開發有關之外，也與有多少食材和能源、能夠在月球上自給自足有關。

哇，這個就是吉爾的太空船嗎？

嗯。但是這個……要修理需要很多電力。

電力？這種地方要怎麼生電？

這裡只有一大堆岩石啊！

只有岩石……

該不會！

只要下訂想要的道具，它就會提供設計圖，並且教我們做法。

我想要能夠在月球上發電的機器。

我想要最新的電玩遊戲主機！

我想要超高畫質電視。

住手！

原來如此，果然是這樣。

設計圖出來了！

太陽能電池製造機·製作方式說明書

哇！

※嗶嗶嗶嗶啪滋啪滋

101

就用這些岩石和沙子？

製作太陽能電池？

我們可以用表岩屑和月球岩石製作太陽能電池。

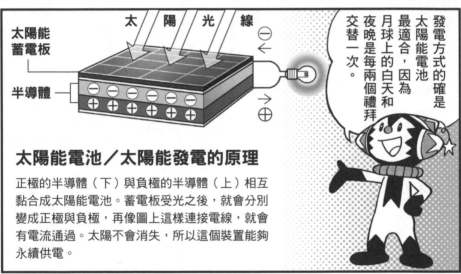

太陽能蓄電板

半導體

太　陽　光　線

發電方式的確是太陽能電池最適合，因為月球上的白天和夜晚是每兩個禮拜交替一次。

太陽能電池／太陽能發電的原理

正極的半導體（下）與負極的半導體（上）相互黏合成太陽能電池。蓄電板受光之後，就會分別變成正極與負極，再像圖上這樣連接電線，就會有電流通過。太陽不會消失，所以這個裝置能夠永續供電。

我也來。

也讓我幫忙吧。

嗯嗯，這是材料的零件……

※ 半導體能夠根據不同溫度與電壓等條件，使電流通過或不通過，廣泛使用於個人電腦、家電等（參104頁）。

好，「太陽能電池製造機」完成！

※嗶嗶嘎嘎嘆嗡

很好、很好。

來，盡量收集表岩屑和岩石放進來。

真的做出太陽能蓄電板了！

※嘎嘎嘎嘎

103

太好了，做出來了！

這下子有機會讓太空船啟動了。

可是，為什麼使用月球岩石和表岩屑，就能夠做出太陽能電池呢？

表岩屑和月球岩石裡，含有大量太陽能電池半導體的主要成分「矽」這個物質。

半導體的主要成分「矽」

矽是半導體的常用物質，在製作超小型積體電路IC時不可或缺。

↑IC被整合在體積很小的零件內，多半用於電子器材上。

原來表岩屑和月球岩石不是只會造成機械故障啊。

※拿出來

陽光？洞穴外面現在是夜晚耶。

沒辦法發電吧？

我們現在就去讓太陽能板晒晒太陽吧。

哇。

別擔心。月球上有個特殊地點幾乎永遠都能夠晒到陽光。

那麼，只要帶著太陽能板去那裡，就能夠生電，傳輸給太空船，對吧！

有事就用這個「無線傳聲筒」聯絡。

這邊就交給我們！

我們出發了。

月球上充滿資源？

人類生活少不了水、氧氣和各式各樣的金屬。據說月球上也有這些，而這些東西究竟在這個沒有大氣層、滿是沙子和岩石的天體上的哪裡？接下來的五頁將深入探尋這個問題的解答！

月球的北極與南極有水冰？

右邊這兩張圖是月球的南極與北極。四周的白點表示存在著水凍成的冰。這是由印度在2008年發射的月球探測器觀測的結果所得知。

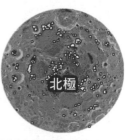

南極　北極

※ 分析印度的繞月探測器搭載的美國太空總署雷達資料，得知月球的兩極有水冰分布。本圖根據這項資料繪製。

美國的月球探測器最先提出報告

根據1994年美國發射的「克萊門蒂號」月球探測器（右圖）的觀測結果，人類首次得知月球上或許有大量的水。

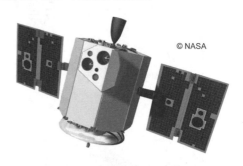

© NASA

有沒有水
有著很大的
差別呢！

月球的「永夜區」有冰？

科學家認為有水的地方集中在撞擊坑內側的「永夜區」（下左圖）。永夜區一整年都照不到陽光（下右圖），因此溫度超低，也因為這裡有水才會凍成冰。

永夜區的想像圖

太陽光　→　月　永夜區

月球的冰 從哪裡來？

如同右頁所述，假如月球上有水冰的話，又是從哪裡來的呢？接下來將介紹三種尚未經過確認的主張。

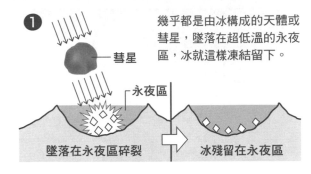

❶ 幾乎都是由冰構成的天體或彗星，墜落在超低溫的永夜區，冰就這樣凍結留下。

彗星

永夜區

墜落在永夜區碎裂　　冰殘留在永夜區

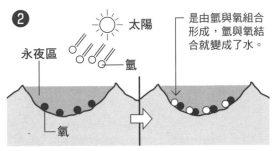

❷ 太陽

永夜區

氫

氧

是由氫與氧組合形成，氫與氧結合就變成了水。

太陽飛來的氫與表岩屑所含的氧（參108頁）結合，在永夜區變成冰留下。

❸ 或許是地底下的岩漿含有的水變成水蒸氣噴發，在永夜區結凍變成冰留下。

永夜區

水蒸氣　岩漿　　水蒸氣結凍變成冰

哪一國的探測器 最先找到？

目前只是在推測「可能有水」的階段，並非已經確定找到了。今後的月球探索將會把探測車送到右圖這類「可能有水」的區域，實際挖掘確認。

© JAXA

水不僅能成為飲用水，也能夠提取出呼吸需要的氧與當作燃料的氫。如果真的找到水，月球基地的建設將會容易許多。

因此美國的「克萊門蒂號」月球探測器找到有水存在的「可能性」，成為一個起點，也引發月球探索風潮（參一二二頁），但目前尚未掌握到證據。

科學家們使用電波反射、照射某種放射線的方式檢測，也只得到了「可能有類似水的物質存在」這樣的資料。

為了掌握證據，必須利用探測車等大範圍搜查。但是科學家認為有水存在的月球南極、北極地形複雜，還有許多必須克服的難題。找水的挑戰才正要開始。

↑月球表面上到處都有表岩屑，有些地方的厚度甚至可達數十公尺。如果能夠用來取得資源，不只是月球，接下來前往火星或小行星等發展也將會更容易。

表岩屑是「寶沙」

如同36～37頁提過的，月球的沙子「表岩屑」很容易黏上衣服等，不好處理。不過事實上表岩屑含有許多有益的物質，是很重要的資源！

表岩屑的顆粒很細，因此能夠留下這麼清晰的鞋印。

可以提煉出 氧、氫以及金屬

表岩屑含有大量人類呼吸所不可或缺的氧、與氧結合就會變成水的氫，以及矽、鋁等金屬。假如從地球運過去，與水相同的是必須花上大筆費用。

↑氧和氫是火箭的燃料。鋁等金屬是建造火箭與基地的材料。

月球岩石也是資源！

月球岩石是表岩屑的原形，當然也含有豐富的氧、金屬等。最具代表性的物質為以下兩種。

斜長岩→矽、鋁等

地球上大多數的岩石都含有偏白色的礦物，也就是斜長石。月球上看起來白色的部分也幾乎都是斜長石。

玄武岩→矽、鈦、鐵等

岩漿噴出冷卻凝固形成，也製造出月球上看起來漆黑的「月海」。也是地球上常見的岩石。

用3D列印機製造建築材料？

© ESA/Foster + Partners

左圖是歐洲太空總署的月球基地建築藍圖。為了阻擋對人體有害的宇宙輻射，建築物使用加了表岩屑和藥物等物質覆蓋。表岩屑也是受到矚目的建材。

© ESA

➡使用與表岩屑十分類似的地球材料，利用3D列印機試做的建材。使用一台3D列印機就能夠做出各式各樣的零件，也是月球表面的珍貴實物。

提煉資源的裝置也在開發中

© NASA/Dimitri Gerondidakis

這是美國試做、從月球土壤萃取水蒸氣的裝置（左），以及萃取氧的裝置（右）

© NASA

←↑兩者都是在地球上反覆進行過多次實驗，將於2020年之後送往月球。

必須具備能夠有效提煉資源的技術。

表岩屑含有大量的氧，但全都與表岩屑所含的金屬結合。

在這裡最能夠派上用場的，是在表岩屑中含量少、只靠加熱就能夠提取出來的氫。

提取出來的氫能夠促使氧離開金屬。氧與氫結合之後會暫時變成水，不過再經過電的分解就會變成氧。人類欲前往月球發展，需要的就是這類提煉資源的工廠設備。

電力來自太陽

月球上沒有石油這類的能源，如果想要生電，最好的辦法就是太陽能發電。左圖是繞行月球赤道一圈的太陽能蓄電板想像圖。月球上的日夜大約每兩週交替一次，因此太陽能這樣裝設，能夠確保時時製造電力（參102頁）。

圖片提供／日本清水建設

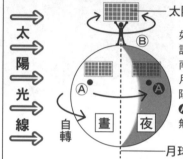

太←陽←光←線

自轉

太陽能蓄電板

如果將蓄電板裝設在遠離北極或南極的Ⓐ地點，月球自轉進入太陽照不到的夜晚Ⓐ那一側時，就無法發電。

畫 **夜**

月球的自轉軸

設置在月球自轉軸上的Ⓑ地點，也就是裝在北極或南極永畫與永夜的分界線上。只要太陽能蓄電板旋轉，一定能夠晒到陽光，確保全年都能夠發電。

太←陽←光←線

月球的自轉軸

高山等地

如果設置在Ⓒ這類靠近北極或是南極的地點，只要登上高處讓太陽能電板轉動，就能夠與Ⓑ地點一樣全年發電。

↑既然無法在整個月球上鋪滿太陽能蓄電板，最好的方式就是在圖中的Ⓑ或Ⓒ地點進行太陽能發電。111～113頁的漫畫中，哆啦A夢他們就是把太陽能蓄電板帶到Ⓒ地點，裝設在半空中。

需要處理的難題是讓夜晚也能夠取得電力。

月球上無雲也無雨，而且白畫持續約兩週，在這段期間都能夠晒到太陽；再加上月球有太陽能電池的原料「矽」等物質（參一〇四頁），因此月球各方面條件都很適合利用太陽能發電。不過，為了讓長達約兩週的夜晚也能夠有電力使用，只要能有辦法儲存或傳送製造出來的電力，就無須擔心月球上的能源問題了。

除了太陽能之外，科學家們也熱衷於研究要如何使用表岩屑所含的氦-3物質※發電。以及如何利用核融合※產生大量電力等發電方式，皆仍在研究階段。

※核融合：原子中心的原子核融合變成更重的原子核，藉此釋放巨大能量的技術。

這裡幾乎一整年都能夠看到太陽。

的確,剛才那裡是夜晚,這裡已經稍微能夠看到太陽了。

這裡是靠近月球南極的高山上⋯⋯

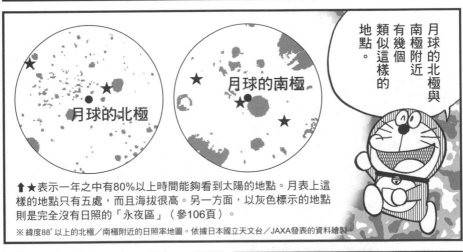

月球的北極與南極附近有幾個類似這樣的地點。

月球的北極

月球的南極

⬆★表示一年之中有80%以上時間能夠看到太陽的地點。月表上這樣的地點只有五處,而且海拔很高。另一方面,以灰色標示的地點則是完全沒有日照的「永夜區」(參106頁)。

※ 緯度88°以上的北極／南極附近的日照率地圖。依據日本國立天文台／JAXA發表的資料繪製

接下來就是讓陽光充分照在太陽能板上⋯⋯

利用「空中樂園」,掛上高空。

掛上太陽能板。

絕對不會掉下來。

停止之後，吊鉤就不會動了。

拋高。

※上升上升

好，快去告訴大家吧！

這樣一來就能夠充分照到陽光了。

拉上去。

※啵、啵

哇！

吉爾，開啟開關吧。

好的。

大雄說已經準備好了。

※嗡

※啵

112

太好了！

主電腦啟動了！

※嘰

「進度緩慢」表示電力不夠吧？

嗯～或許是陽光太弱？

※噴噴

吉爾，還順利嗎？

嗯。雖然進度有點緩慢，不過太空船的確正在恢復中。

那只好拿出雖然效用只有一個小時，不過能夠提高機械性能的「升級噴劑」。

把這個噴在太陽能板上。

我來。

※拋

113

這樣一來發電能力就能夠提升了，雖然只有一個小時。

太空船的恢復速度應該也會加快。

※嘎～嘎～

從太空船的聲音聽起來，恢復得不錯。

「升級噴霧」似乎奏效了。

謝謝你們，大雄、哆啦Ａ夢，所有人……

太空船就快要完全復原了。

應該隨時都能夠出發前往美里艾星。

※晃、晃、晃

※轟轟轟轟

也就是「月震」！

不是！這是月球的地震，

這個震盪是怎麼回事？太空船已經起飛了呀？

各位快點上船！

由各種原因引發的「月震」

主要包含以下幾種類型。大致上來說，「月震」比地球上發生的地震弱，發生的次數也較少。

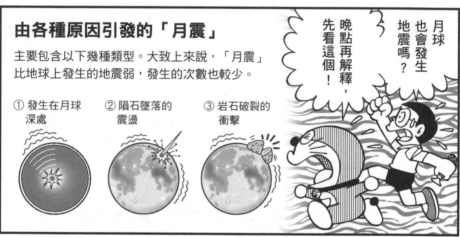

① 發生在月球深處

② 隕石墜落的震盪

③ 岩石破裂的衝擊

月球也會發生地震嗎？

晚點再解釋，先看這個！

我要起飛了，你們抓好！

待在熔岩管裡太危險！快點離開！

嗯！

※咚咚咚咚　　　　※噗咻

哇啊啊啊！

※晃動、晃動

※咚咚咚咚

怎麼回事？

哇哇、哇！

※嗶嗶嗶嗶嗶嗶嗶

快把「升級噴霧」噴在操控儀上！

※吡～

哇哇，飛太遠了！進入超高曲速模式了！這下子會

吉爾，快停止、快停下來！好、好的！

怎、怎麼會這麼快！

失控了！

快來人幫忙停下來啊！

唔哇啊啊啊啊啊……

118

這是哪顆星球⋯⋯

我也不清楚⋯⋯

不過他們還是跟在地球上時一樣。

別跑！

大雄！

對不起嘛～

在這個陌生星球上也一樣吵鬧⋯⋯

在太空船修好之前，

你要為自己的笨手笨腳賠罪！

救我，哆啦A夢！

都怪大雄讓太空船性能一下子提升太多⋯⋯

看樣子又回不去美里艾星了⋯⋯

月球探索的過去與未來

接下來將回顧人類挑戰月球的歷史，並介紹各國的月球探索計畫。
在不久的未來會不會有機會實現月球基地的夢想呢？

由蘇聯率先開啟的「月球探索競爭」

月球二號 1959年

1950年代後期起，當時世界兩大強國——美國和蘇維埃聯邦（簡稱蘇聯，現在的俄羅斯）把目標放在月球上，展開激烈競賽。而首先揭開這場競賽的是蘇聯，他們成功達成世界首次派遣無人探測器抵達月球，拍攝月球背面，並在月球上軟登陸（在非衝擊的狀態下慢速安靜著陸）等。

影像提供：Pline [CC0]

影像提供：Armael [CC0]

月球九號 1966年

月球車一號 1970年

↑蘇聯的無人探測器「月球二號」，以劇烈撞擊著陸的方式首度登陸月球。◀7年後，「月球九號」成功軟登陸月球（左）。月球十七號首次運送月球探測車「月球車一號」抵達月球，探測車在月球表面移動了約十公里。

測量員三號 1967年

➡1961~1967年間，美國為了實現阿波羅計畫準備了「游騎兵計畫」、「測量員計畫」、「月球軌道計畫」，發射無人探測器調查月球。左圖是成功登陸月球表面的測量員三號。

© NASA

人類從這麼久以前就在經營月球了。

在阿波羅計畫中登陸月球的太空人，總共帶回計約三百八十二公斤的岩石，也因此讓人類在月球科學上有了大幅的進展。科學家們調查這些岩石即可知道月球是什麼時候誕生，以及如何誕生。

但是，阿波羅計畫只是到達月球正面的六個地點。為了了解月球的全貌，還必須更進一步的探索。

120

人類登陸月球──「阿波羅計畫」

這是美國於1960年代前期到1972年期間所實施的「把人類送往月球」的計畫。從阿波羅七號到十七號，每次載運三名太空人發射升空。其中的阿波羅十一號是人類首次成功登陸月球表面。

阿波羅十一號 1969年

阿波羅十五號 1971年

←阿波羅十五號首次使用月球探測車，可搭載兩人，最高時速約十三公里，總計行走二十八公里。阿波羅十六號、十七號也有使用。

↑從太空船分離降落的登陸小艇。阿波羅計畫中，有兩名太空人登陸月球，一名留在太空船上。

→發射升空使用的是史上最大的農神五號火箭。

→十七號是阿波羅計畫最後一次載人登月，也帶回許多岩石（大約一百二十一公斤）。

阿波羅十七號 1972年

阿波羅計畫的小故事

站上月球的12人

將太空人送上月球的是阿波羅十一號～十七號。當中的十三號因為發生意外中止計畫，所以成功登月的太空人是每艘太空船各2名，共計12人。

科林斯

阿姆斯壯　　　　艾德林

搭乘阿波羅十一號登月的是阿姆斯壯和艾德林。科林斯留在太空船上。

月球上留著「紀念品」？

返回地球的太空船無法載完所有物品，所以把不需要的物品全部留在月球上。也因此月球探測車和許多器材，至今仍留在月表上。

15號　17號
12號　11號
　·14號　·16號

←阿波羅計畫的登陸地點。降落在月球正面的六個地點，留下總重量約一百八十公噸的「紀念品」。

阿波羅計畫之後，再度引發探索熱潮！

阿波羅計畫結束於1972年，接下來過了大約20年，直到1990年代，世界各國才又再度派遣無人探測器前往月球探索，延續阿波羅計畫的結果，更進一步深入調查整個月球。

※下圖根據美國太空總署的資料製成

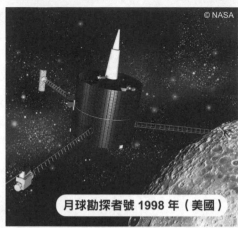

© NASA

月球勘探者號 1998 年（美國）

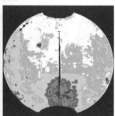

↑克萊門蒂號探測器首度發現月球不只有水，也知道鐵等物質如何分布。左圖是月球正面，右圖是背面，顏色越深的部分越多金屬物質。➡克萊門蒂號探測器拍攝的月球南極（照片中央）附近，這艘探測器也調查了月球的整體地形。

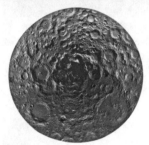

© NASA/JPL-Caltech

↑接續一九九四年發射的克萊門蒂號探測器（美國，參一○六頁），發現月球的北極與南極附近很可能有水。

↓歐洲首度發射月球探測器。
© ESA-J.Huart

SMART-1　2003 年（歐洲太空總署）

由這裡開始才是真正的月球探索。

阿波羅計畫之後，月球探索中斷了很長一段時間，直到美國的克萊門蒂號探測器發現月球上可能有水之後，才再度引發熱潮。

目前全部採用無人探測器進行探索，不過也多虧光電等觀測技術、靜止畫面與影片拍攝技術的進步，「輝夜姬號」等探測器才能夠帶回不輸給載人探測器的重大成果。

122

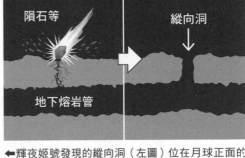

日本「輝夜姬號」探測器帶回重要成果

於2007年發射，也是繼阿波羅計畫之後最大規模的月球探測器。除了詳細調查月球表面的地形，也搜索深度數十公尺的地底，試圖揭開月球誕生之謎。底下①～③是「輝夜姬號」最具代表性的成果。

輝夜姬號 2007 年（JAXA※）

❶發現月球的縱向洞

全球首度發現直徑與深度約50公尺的縱向洞，或許是長度約50公里的地下「熔岩管」（參91頁）的入口。

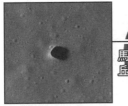

馬利厄斯丘陵

© NASA/GSFC/Arizona State University

隕石等　　　縱向洞

地下熔岩管

←輝夜姬號發現的縱向洞（左圖）位在月球正面的馬利厄斯丘陵。↑科學家認為縱向洞的成因是隕石撞擊月球表面，替地下熔岩管開了一個天窗。

※右圖根據日本國立天文台、千葉工業大學、JAXA製作的月球地形圖製圖。

❷更明確了解地形

對月球表面大約七百萬個地點進行觀測，得知最高處的高度大約是11公里，最低處大約是負9公里。根據此結果，也製作出更加詳細的月球地形圖。右圖（月球背面）越黑的地方表示地勢越低，越白的地方越高。

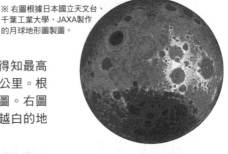

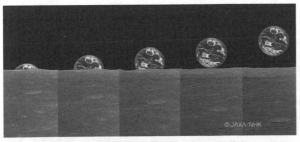

©JAXA/NHK

❸拍攝無數美麗的風景

利用NHK日本電視台的高畫質攝影機，拍攝出許多如左邊照片這類「圓滿地球升起」的照片和影片。乾淨清澈的影像也有助於製作月球的3D地圖。

※JAXA 是日本宇宙航空研究開發機構，負責宇宙開發事宜。

全世界鎖定月球！

得知月球很有可能存在水等資源，世界各國紛紛著手調查開發，將月球視為「人類未來移居的場所」。接下來這兩頁特別把重點擺在探索計畫上。

© NASA

美國等西方國家

繞月太空站

不直接在月球表面設置基地，而是先打造在月球軌道上繞行的太空站，計畫從太空站登陸月球表面或探索火星等。美國與世界各國將由2020年起著手建設。

←左邊是月球軌道太空站，右邊是從地球運送太空人與物資等前往月球太空站的太空船。

© NASA

© JAXA/NASA

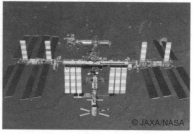

© JAXA/NASA

←建設「月球軌道太空站」的零件將由美國開發中的大型火箭「SLS」載運。↑日本也可能利用ISS國際太空站的「白鶴號」補給船提供運送物資的技術上的協助。

↑繞行地球的ISS國際太空站2024年之後的任務尚未確定，因此在那之後，「月球軌道太空站」或許將成為新的宇宙實驗研究設施。

天體探索的流程一般通常是：①利用無人探測器繞行該天體四周→②派遣無人探測器登陸→③利用無人探測器帶回岩石→④派遣太空人登陸探索。

如左頁內容說明，目前各國的月球探索計畫，進度最快的是中國，美國和日本等其他國家都在追趕中。這是全球月球探索的現況。

「住在月球上」有可能實現嘍！

124

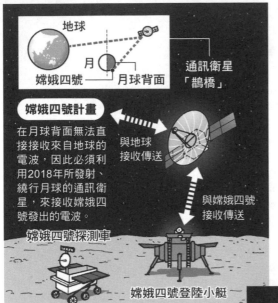

地球
嫦娥四號
月球背面

通訊衛星「鵲橋」

嫦娥四號計畫

在月球背面無法直接接收來自地球的電波，因此必須利用2018年所發射、繞行月球的通訊衛星，來接收嫦娥四號發出的電波。

與地球接收傳送

與嫦娥四號接收傳送

嫦娥四號探測車

嫦娥四號登陸小艇

領先各國一步的「嫦娥計畫」

2018年12月，中國成功發射了無人探測器「嫦娥四號」（左圖），達成全球首度登陸月球背面的任務。接下來他們計畫發射「嫦娥五號」（預定在2020年），預計將從月球帶回岩石。

↓2013年無人探測器「嫦娥三號」比嫦娥四號先一步成功著陸月球正面。中國成為繼蘇聯、美國之後，全球第三個登陸月球的國家。

影像提供：Shutterstock

日本＝JAXA

先從登陸月球開始

日本在這個計畫之前，並沒有其他的登月經驗，因此計畫於2021年先發射第一個「SLIM」登月船。相較於其他國家的探測器，這艘無人探測器的特徵是要準確降落在目標地點。

日本＝ispace

史上首次由民間企業進行探索

日本宇宙開發企業「ispace」將在2021年利用美國的火箭發射登月小艇。登陸後計畫從登月小艇派出探測車。若能實現的話，這將是民間企業的全球創舉。

影像提供：ispace

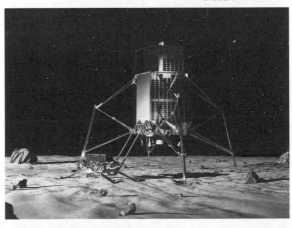

【參考文獻】

»» 尼爾‧F‧科明斯 著／增田守 譯《What If the Moon Didn't Exist?: Voyages to Earths That Might Have Been》（東京書籍 1999）、

»» 尤金‧塞爾南 著／淺沼昭子 譯《The Last Man on the Moon》（飛鳥新社 2000）、

»» 詹姆斯‧R‧漢森 著／日暮雅道、水谷淳 譯《First Man: The Life of Neil A. Armstrong》（Softbank Creative 2007）、

»» 《小學館的圖鑑 NEO：地球》（小學館 2007）、

»» 渡部潤一 編著《最新月球科學：解開剩下的謎團》（NHK BOOKS 2008）、

»» 佐伯和人 著《為什麼全世界都想去月球？站上月球所需的知識與策略》（講談社 BlueBacks 2014）、

»» 佐伯和人 著《月球是我們的宇宙港口》（新日本出版社 2016）、

»» 白尾元理 著《月球基礎知識》（誠文堂新光社 2017）、

»» 三品隆司 著《調查學習百科：認識月球！》（岩崎書店 2017）、

»» 《小學館的圖鑑 NEO：【新版】宇宙》（小學館 2018）、

»» 白尾元理 著《月球地形觀察指南》（誠文堂新光社 2018）

哆啦Ａ夢科學大冒險 ❶
前進月球勘查號

- 角色原作／藤子・F・不二雄

- 日文版審訂／渡部潤一（國立天文台副台長）
- 漫畫／肘岡誠

- 翻譯／黃薇嬪
- 台灣版審訂／李昫岱

- 發行人／王榮文
- 出版發行／遠流出版事業股份有限公司
- 地址：104005 台北市中山北路一段 11 號 13 樓
- 電話：(02)2571-0297 傳真：(02)2571-0197 郵撥：0189456-1
- 著作權顧問／蕭雄淋律師

2020 年 4 月 1 日 初版一刷 2024 年 6 月 25 日 二版二刷
定價／新台幣 299 元（缺頁或破損的書，請寄回更換）
有著作權・侵害必究 Printed in Taiwan
ISBN 978-626-361-651-6
遠流博識網 http://www.ylib.com E-mail:ylib@ylib.com

ドラえもん ふしぎのサイエンス——月のサイエンス
◎日本小學館正式授權台灣中文版

- 發行所／台灣小學館股份有限公司
- 總經理／齋藤滿
- 產品經理／黃馨瑝
- 責任編輯／李宗幸
- 美術編輯／蘇彩金

DORAEMON FUSHIGI NO SCIENCE—TSUKI NO SCIENCE—
by FUJIKO F FUJIO
©2019 Fujiko Pro
All rights reserved.
Original Japanese edition published by SHOGAKUKAN.
World Traditional Chinese translation rights (excluding Mainland China but including Hong Kong &
Macau) arranged with SHOGAKUKAN through TAIWAN SHOGAKUKAN.
※ 本書為 2019 年日本小學館出版的《月のサイエンス》台灣中文版，在台灣經重新審閱、編輯後發行，
因此少部分內容與日文版不同，特此聲明。

國家圖書館出版品預行編目 (CIP) 資料

哆啦 A 夢科學大冒險 . 1：前進月球勘查號 / 日本小學館編輯撰文；
藤子・F・不二雄角色原作；肘岡誠漫畫；黃薇嬪翻譯 . --
二版 . -- 臺北市：遠流出版事業股份有限公司, 2024.05
面；　公分 . -- (哆啦 A 夢科學大冒險；1)

譯自：ドラえもんふしぎのサイエンス：月のサイエンス
ISBN 978-626-361-651-6 (平裝)

1.CST: 科學　　2.CST: 月球　　3. CST: 漫畫

307.9　　　　　　　　　　　　　　　　　　113004427

月球進入地球的陰影處 月食

月食如下圖這樣，太陽、地球、月球排成一直線，月球進入地球陰影處的現象。日食要在特定地區才能看到，月食則是只要看得到月亮的地區都能看見。

↗ 月全食的紅月。最長可持續一個小時又四十鐘。

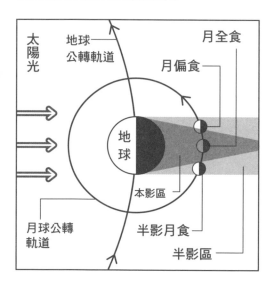

月食發生的原因

月球完全進入地球本影區的情況稱為「月全食」；只有部分進入稱為「月偏食」；進入半影區的稱為「半影月食」。月球進入地球本影區之後，會逐漸虧缺；到了月全食的階段不會完全變黑，而是會發出紅銅色的光芒。

←月食是從左邊開始虧缺；變成月全食之後，再由左邊開始逐漸盈滿。左圖是已結束月全食的月偏食。

月全食為什麼是紅色？

太陽光是由各種顏色的光線混合而成，其中紅光最容易通過大氣層。如下圖所示，太陽的紅光穿過地球大氣層之後折射照在月球上，因此即使月球進入地球的陰影處，也不會完全變黑。

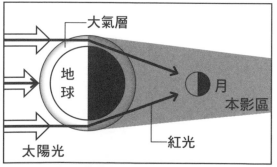

以上這些都是罕見的天文現象！

影像提供／日本國立天文台

月球遮住太陽 日食

從地球看過去，太陽與月球的大小看起來幾乎相同，因此月球來到太陽與地球之間，形成新月時，太陽就會躲在月球後面發生「日食」。

➡ 月球在距離地球較遠的地方引發日食時，月球無法完全遮住太陽，就會變成右圖這樣的日環食。

⬆ 像這樣把太陽完全遮住的日食，稱為「日全食」。

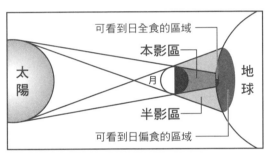

可看到日全食的區域
本影區
太陽
月
地球
半影區
可看到日偏食的區域

日全食發生的原因

如左圖所示，太陽、月球、地球排成一直線的時候，月球的影子落在地球上。這時，地球上來自太陽的光線完全被遮住的區域稱為本影區，部分被遮住的區域稱為半影區。本影區可看見日全食，半影區可看見太陽虧缺的日偏食。

日環食發生的原因

日環食發生的原因與日全食差不多。在右圖的「偽本影區」能夠看見日環食，半影區可看見日偏食。日全食的時候四周變暗；日環食則只是稍微偏暗。

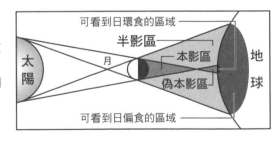

可看到日環食的區域
半影區
太陽
月
本影區
地球
偽本影區
可看到日偏食的區域

發生日食
地球
月
不發生日食
太陽
不發生日食
發生日食

「新月時一定會發生日食」這句話為什麼不對？

如左圖所示，月球繞地球公轉的軌道位置較地球繞太陽公轉的軌道偏斜，因此新月時，太陽、月球、地球不一定會在同一條直線上。

※ 太陽會產生強光與熱。為了避免眼睛受傷，請務必注意以正確的方式觀測日食。